多元数据分析方法及应用

朱 杰 秦惠林 刘 军 编著

兵器工业出版社

内 容 简 介

　　本书阐述了常用的多元数据统计分析方法和这些方法的应用，关注点在应用数据统计分析方法解决实际问题。在内容安排上体现了必需的背景知识介绍和对实施分析技术的掌握。书中内容注意到了多元统计分析知识的完整性和系统性，对于非数学专业的读者来说，只需了解基本概念、知识框架和一般方法即可，而重点在多元数据统计方法的应用上。

　　本书配一张 CD - ROM。内容为该书中的例题和习题所使用的数据文件，共计 33 个文件；文件是统计软件（SPSS）的格式，文件扩展名是 ".sav"。

　　本书可作为高等院校经济、管理类和需统计应用知识与方法的本科生、研究生教材，也可作为这些领域科研人员的参考书和培训教材。

图书在版编目（CIP）数据

多元数据分析方法及应用/朱杰，秦惠林，刘军编著．—北京：兵器工业出版社，2009.1

ISBN 978 - 7 - 80248 - 299 - 9

Ⅰ．多… Ⅱ．①朱…②秦…③刘… Ⅲ．统计数据—多元分析—高等学校—教材 Ⅳ.0212.4

中国版本图书馆 CIP 数据核字（2008）第 191953 号

出版发行：兵器工业出版社	责任编辑：常小虹	
发行电话：010 - 68962596，68962591	封面设计：李　晖	
邮　　编：100089	责任校对：郭　芳	
社　　址：北京市海淀区车道沟 10 号	责任印制：赵春云	
经　　销：各地新华书店	开　　本：787×1092　1/16	
印　　刷：北京市登峰印刷厂	印　　张：11.25	
版　　次：2009 年 1 月第 1 版第 1 次印刷	字　　数：206 千字	
	定　　价：38.00 元（含 1CD - ROM 价格）	

前　言

　　在过去的几十年中，多元数据统计分析方法及应用至少在两个方面有了长足的发展：一个是应用领域的不断扩大，包括自然科学、社会科学和经济学等诸多学科；二是信息技术的发展，特别是计算机技术的发展使得复杂的多元统计计算成为可能，从而为应用其解决实际问题带来了广阔前景。

　　随着全社会信息化进程的加速发展，现在我们不再缺少数据，而需要的是对数据进行有效处理的方法和手段。从数据到信息、再到知识的过程中蕴涵着巨大的创造力和能量，而多元数据统计分析方法及应用正是从数据中发现知识的有力工具。

　　本书通过讲解常用的多元数据统计分析方法能够做什么和怎么做，而把关注点放在了统计分析方法对各类问题的解决应用上。在内容安排上体现了必需的背景知识的介绍和对实际应用技术的掌握。书中内容注意到了多元统计分析知识的完整性和系统性，对于非数学专业的读者来说，只需了解基本概念、知识框架和一般方法即可，而重点在多元数据统计方法的应用上。

　　在多元统计应用中，计算复杂度高和计算量大是学习的障碍。本书结合了SPSS 软件的内容，全部例题均以 SPSS 软件计算结果输出，使读者的主要学习精力不必用于计算过程，而关注于结果的解读。

　　全书分 9 章。第 1 章绪论，介绍多元统计的思想、统计软件的背景和常用的随机变量分布，特别是对假设检验的思想和方法进行了说明，描述了实用中的假设检验是如何工作的；第 2 章样本及总体分布，通过 SPSS 软件，描述了样本数据在统计软件中是如何定义、保存和使用的，以及多种整理数据的方法，并简单介绍了多元正态分布的知识；第 3 章描述统计量，主要围绕一般统计量的计算来讲解，包括均值、标准差和列联表等；第 4 章正态总体参数的假设检验，包括单总体均值检验、两总体均值检验、成对样本均值检验和单因素方差分析等；第 5 章相关分析，介绍了简单相关系数和偏相关系数的背景知识和使用方法；第 6 章线性回归分析，比较详细地阐述了多元线性回归模型、回归方程的计算、与回归方程有关的假设检验和残差诊断及回归方程的应用；第 7 章聚类分析，从样本距离和类间距离入手，以系统聚类为主，介绍了多种聚类方法，并对快速聚类和变量聚类也做了说明；第 8 章判别分析，以背景知识为前提，在构造线性判别函数的理论和方法基础之上，对典型判别、费希尔判别和贝叶斯判别进行了论述，并有详细的案例应用；第 9 章因子分析，包括因子模型及计算、因子模型的统计意义和因子模型的应用。为便于在比较中学习，本章还对主成分分析进行了介绍。另外，在附录中列出了 SPSS 软件的主要功能。

本书的作者均系北京物资学院《控制、仿真与系统优化科研创新团队》成员。本书的出版得到了《北京市教育委员会科技计划项目》《北京市属高等学校人才强教计划项目》和《北京物资学院学科建设项目》的资助。

本书在编纂过程中参考了大量文献资料，在此向这些文献的作者致以诚挚的谢意。本书得到了韩士杰教授的大力支持和帮助，也包括韩教授多年的研究心得和教学体会，在此一并表示衷心的感谢。

由于作者水平有限，书中难免有疏漏和不足之处，欢迎读者批评指正。

编　者
2009 年 1 月于北京

目　　录

第1章 绪 论

在科学研究和生产实践中存在着大量的观测数据,这是人类有意识地作用于客观世界的回应,也是人们借以深入理解客观规律的重要渠道。因此,掌握科学的数据分析与处理方法对于发现规律和获得知识显得尤为重要,多元统计分析就是这样一种有力工具。

1.1 关于数理统计

1. 数理统计的概念

统计学是一门关于数据资料收集、整理、分析和推断的科学。但人们常常将统计这一概念误解为大量数据资料的收集以及对这些数据做一些简单的运算(如求和、求平均值、求百分比等)或用图表、表格等形式把它们表示出来。其实这些工作仅是统计学工作中的非主要部分。统计学还包括怎样设计试验、采集数据以及怎样对获得的数据进行分析、推断等许多其他工作。

随着研究随机现象规律性的科学——概率论的发展,应用概率论的结果能更深入地分析研究统计资料,通过对某些现象频率的观察来发现该现象的内在规律性,并做出一定精确程度的判断和预测;将这些研究的某些结果加以归纳整理,逐渐形成一定的数学模型,这些就组成了数理统计的内容。

数理统计的方法及考虑的问题不同于一般的资料统计,它更侧重于应用随机现象本身的规律性来考虑资料的收集、整理和分析,从而找出相应的随机变量的分布律或它的数字特征。由于大量的随机试验必能呈现出它的规律性,因而从理论上讲,只要对随机现象进行足够多次观察,被研究的随机现象的规律性一定能清楚地呈现出来;但是实际上所允许的观察永远只能是有限的,有时甚至是少量的。因此我们所关心的问题是怎样有效地利用有限的资料,便能去掉那些由于资料不足所引起的随机干扰,而把那些实质性的东西找出来。一个好的统计方法就在于能有效地利用所获得的资料,尽可能做出精确而可靠的结论。

2. 数理统计的研究方法

在数理统计里,不是对所研究的全部对象进行观察,而是抽取其中的一部分进行观察，获得数据（即采样），并通过这些数据来对所研究的全体进行推断。由于推断是基于采样数据，而采样数据又不能包含研究对象的全部信息，因此，所获得的结论必然会包含不确定性，概率是这种不确定性的度量。造成不确定性的原因可分为两类：①由于采样数据的随机性所引起的不确定性；②由于我们对系统真实状态的"无知"造成的不确定性。数理统计工作者的任务就是要分辨这两种不确定性。下面举一例来说明。

企业 A 有某种零件 10 万个可供销售，企业 B 欲购买 100 个该零件安装在其生产的设备上，且要求零件的合格率是 98%。此时企业 B 对欲购零件就面临两种不确定性需要分辨：①企业 A 销售零件的合格品率 p 是多少？②由于企业 B 只购买 10 万个零件中的 100 个，因而就面临着另一种不确定性。即假使已知其合格品率为 p，又怎样能确定买来的 100 个合格品的比例呢？例如 $p = 0.99$，即 10 万个零件中大约有 9.9 万个是合格的，这个比例对企业 A 来说应该是不错的。但也有可能发生这样的事，即企业 B 所购买的 100 个零件全部落在不合格的 1000 个中。

第一种不确定性是不知道 p，是我们对系统真实状态的"无知"；而后一种不确定性是由于所谓"随机性"造成的。为了改善第一种不确定性，企业 B 可要求企业 A 对这批零件的质量进行测试，也就是要求抽取部分零件进行测试，通过这部分中合格品所占的比例（频率）来对 p 的真实值进行推断。当然我们不能完全精确地确定 p，但是我们可以希望获得一个（在某种意义下）比较好的判断。这就涉及怎样设计试验，决定观察的数目和怎样利用试验观察的结果做出一个"好的"推断等，这些都是数理统计所要研究的问题。至于在已知 p 的条件下，第二种不确定性的程度已在概率论基础部分做过讨论。

3. 数理统计的研究内容

数理统计研究的内容概括地说可以分为两大类：①试验的设计和研究，即研究如何更合理、更有效地获得观察资料的方法；②统计推断，即研究如何利用一定的资料对所关心的问题做出尽可能精确、可靠的结论。当然这两部分有密切联系，在实际应用中更应前后兼顾。本书将只讨论统计推断。

本书中所讨论的统计问题主要属于下面这种类型：从一个集合中选取一部分元素，对这部分元素的某些数量指标进行测量，根据测量获得的这些数据来推断集合中全部元素的这些数量指标的分布情况。在统计学中，我们把所研究的全部元素组成的集合称为总体，或母体。而把组成总体的每个元素称为个体。例如在研究某批灯泡的平均寿命时，该批灯泡的全体就组成了总体，而其中每个灯泡就是个体。在研究北京市男大学生的身高和体重的分布情况时，北京市的全体男大学生组成了总体，北京市的每个男大学生是个体。但是在统计里，由于我们关心的不是每个个体的种种具体特性，而仅仅是它的某一项或某几项数量指标 X（可以是向量）和该数量指标 X 在总体中的分布情况。在上述例子中 X 是表示灯泡的寿命或男大学生的身高和体重。就此数量指标 X 而言，每个个体所取的值是不同的。在试验中，抽取了若干个个体就观察到了 X 的这样或那样的数值，因而这个数量指标 X 是一个随机变量（或向量），而 X 的分布就完全描写了总体中我们所关心的那个数量指标的分布状况。由于我们关心的正是这个数量指标，因此我们以后就把总体和数量指标 X 可能取值的全体组成的集合等同起来。所谓总体的分布也就是指数量指标 X 的分布。

为了对总体的分布律进行各种研究，就必须对总体进行抽样观察。一般来说，我们还不止要进行一次抽样观察，而要进行几次观察。通过观察就得到总体指标 X 的一组数值 x_1，…，x_n，其中每个 x_i 是一次抽样观察的结果，即某一个被观察的个体的 X 指标值。x_1，…，x_n 称为容量为 n 的子样的观察值。由于我们是利用子样观察来对总体的分布进行推断，因而从总体中抽取子样进行观察时必须是随机的。直观地说，如果我们要研究北京市男大学生的身高的分布情况，那么在抽样时就希望北京市的每个男大学生具有同等的可能被抽到测量身高，因为只有这样才能经过多次观察比较全面地了解总体。所以对于随机抽样来说，对其某一次观察结果而论，x_1，…，x_n 是完全确定的一组值，但它又是随每次抽样观察而改变的。由于我们要依据这一观察结果进行分析推断，并研究比较各种推断方法的好坏，因而一般考虑问题时，就不能把 x_1，…，x_n 看为确定的数值，而应该看做是随机的。称它为容量为 n 的子样，因而对子样也有分布可言。在不同的抽样观察中，X 得到不同的现实。X 所可能取值的全体（n 维空间或其中的一个子集）称为子样空间。一个子样观察值就是子样空间中的一个点。

我们抽取子样的目的是为了对总体的分布律进行各种分析推断，因而要求抽取的子样能很好地反映出总体的特性，这就必须对随机抽样的方法提出一定的要求。通常提出下面两点：①代表性：要求每个子样与所观察的总体 X 具有相同的分布；②独立性：子样为相互独立的随机变量。也就是说，每个观察结果既不影响其他观察结果，也不受其他观察结果的影响。满足上述两点性质的子样称为简单随机子样。

1.2 常用分布

1. 标准正态分布（见图 1-1）

设随机变量 X 有概率分布密度函数

$$\varphi(x) = \frac{1}{\sqrt{2\pi}}e^{-\frac{x^2}{2}} \qquad -\infty < x < \infty \qquad (1.1)$$

则称其遵从标准正态分布，记 $X \sim N(0，1)$。且 $E(X) = 0$，$Var(X) = 1$。

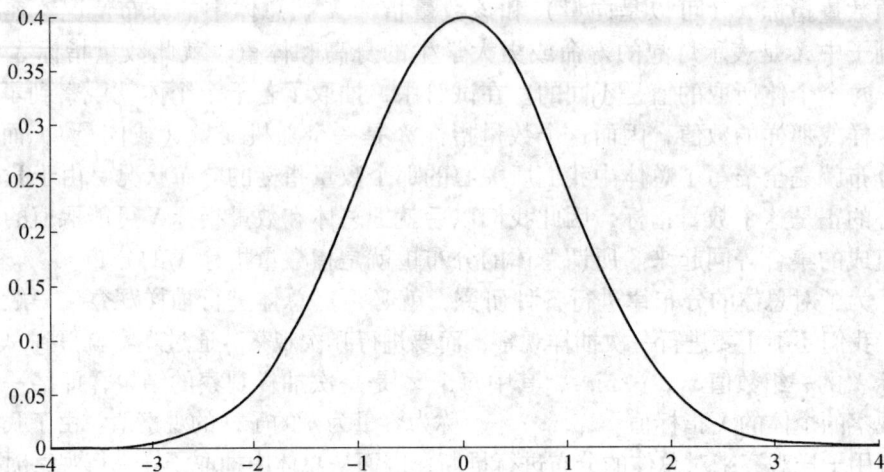

图 1-1 标准正态分布

2. 正态分布

设随机变量 X 有概率分布密度函数

$$\varphi(x) = \frac{1}{\sqrt{2\pi}\sigma} e^{-\frac{(x-\mu)^2}{2\sigma^2}} \qquad -\infty < x < \infty \qquad (1.2)$$

则称其遵从正态分布，记 $X \sim N(\mu，\sigma^2)$。且 $E(X) = \mu$，$Var(X) = \sigma^2$。

图 1-2 是 3 个具有相同均值的正态分布，且 $\sigma_1 < \sigma_2 < \sigma_3$。

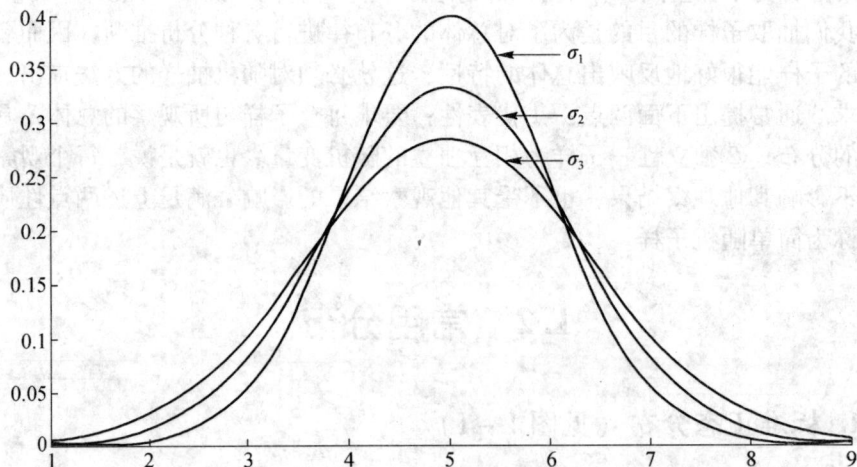

图 1-2 正态分布

3. χ^2 分布（见图1-3）

设 X_1，X_2，$\cdots$，X_n，是相互独立，且同服从于 $N(0,1)$ 分布的随机变量，则称随机变量

$$X = \sum_{i=1}^{n} X_i^2 \qquad (1.3)$$

遵从 n 个自由度的 $\chi^2(n)$ 分布，记 $X \sim \chi^2(n)$。且 $E(X) = n$，$\mathrm{Var}(X) = 2n$。其密度函数是

$$\chi^2(n) = \begin{cases} \dfrac{1}{2^{\frac{n}{2}}\Gamma\left(\dfrac{n}{2}\right)} \mathrm{e}^{-\frac{x}{2}} x^{\frac{n}{2}-1} & x > 0 \\ 0 & x \leqslant 0 \end{cases} \qquad (1.4)$$

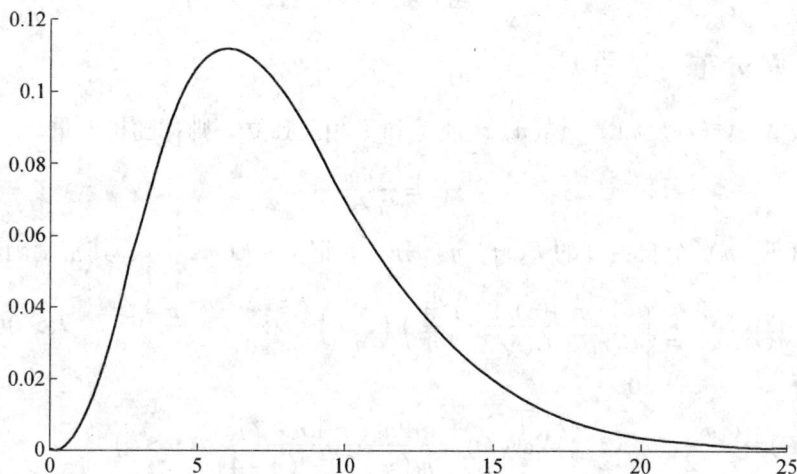

图1-3 χ^2 分布

4. t 分布（见图1-4）

设 $X \sim N(0,1)$ 和 $Y \sim \chi^2(n)$，且 X 和 Y 相互独立，则称随机变量

$$T = \frac{X}{\sqrt{Y/n}} \qquad (1.5)$$

遵从 n 个自由度的 $t(n)$ 分布，记 $T \sim t(n)$。且 $E(T) = 0$，$\mathrm{Var}(T) = \dfrac{n}{n-2}$ （$n > 2$）。其密度函数是

$$t(n) = \frac{G[(n+1)/2]}{G(n/2)\sqrt{n\pi}}(1 + x^2/n)^{-(n+1)/2} \qquad -\infty < x < +\infty \qquad (1.6)$$

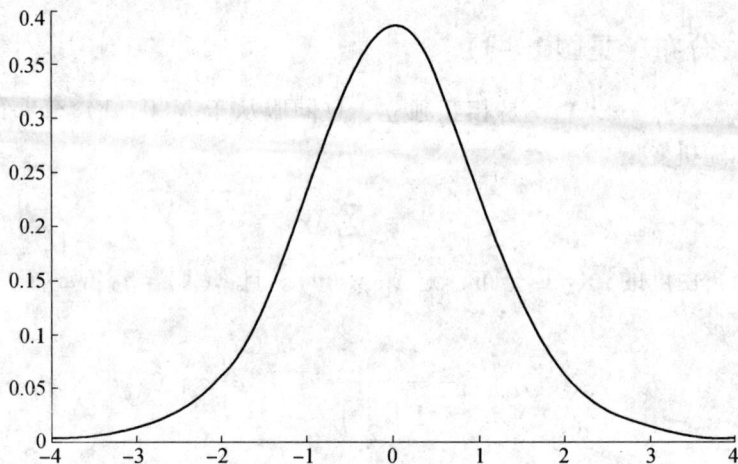

图 1-4 t 分布

5. F 分布（见图 1-5）

设 $X \sim \chi^2(m)$ 和 $Y \sim \chi^2(n)$，且 X 和 Y 相互独立，则称随机变量

$$F = \frac{X/m}{Y/n} \qquad (1.7)$$

遵从 (m, n) 个自由度的 $F(m, n)$ 分布。记 $F \sim F(m, n)$，其密度函数是

$$f(m, n) = \begin{cases} \dfrac{G[(m+n)/2]}{G(m/2)G(n/2)} \left(\dfrac{m}{n}\right) \left(\dfrac{m}{n}x\right)^{\frac{m}{2}-1} \times \left(1 + \dfrac{m}{n}x\right)^{-\frac{m+n}{2}} & x > 0 \\ 0 & x \leqslant 0 \end{cases} \qquad (1.8)$$

且 $E(F) = \dfrac{n}{n-2}$ $(n>2)$，$\mathrm{Var}(F) = \dfrac{2n^2(m+n-2)}{m(n-2)^2(n-4)}$ $(n>4)$。

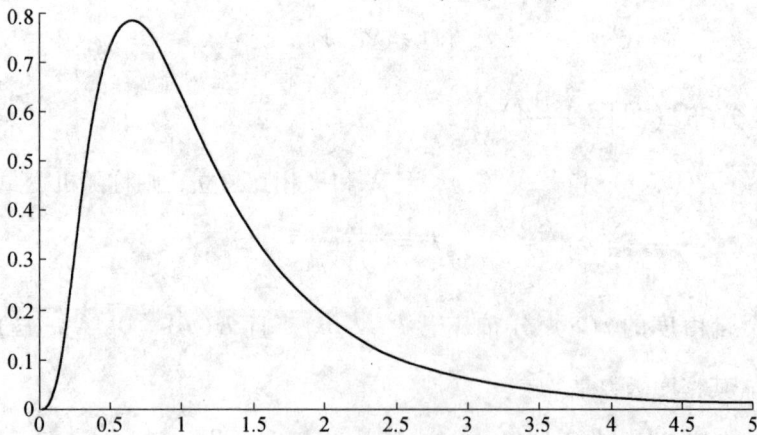

图 1-5 F 分布

6. 中心极限定理

若 ζ_1，ζ_2，$\cdots$，ζ_k，$\cdots$ 是独立同分布的随机变量序列，且 $E(\zeta_k) = \mu$，$\mathrm{Var}(\zeta_k) = \sigma^2$。定义

$$\xi_n = \frac{1}{\sigma\sqrt{n}}\sum_{k=1}^{n}(\zeta_k - \mu) \tag{1.9}$$

则

$$\lim_{n\to\infty}P\{\xi_n < x\} = \frac{1}{\sqrt{2\pi}}\int_{-\infty}^{x}e^{-t^2/2}\mathrm{d}t$$

这是中心极限定理的一种特例。它的意义就在于，个别随机事件在某次试验中可能发生，也可能不发生，但是在大量重复试验中却呈现出明显的规律性，这也就是统计规律之所在，而中心极限定理恰恰在理论上给予了说明。

7. 正态总体样本均值和方差的分布

设 X_1，X_2，$\cdots$，X_n 是从正态总体 $N(\mu,\sigma^2)$ 中抽取的简单子样。记

$$\overline{X} = \frac{1}{n}\sum_{k=1}^{n}X_k, \qquad S_n^2 = \frac{1}{n-1}\sum_{k=1}^{n}(X_k - \overline{X})^2$$

则有

（1）$\overline{X}$ 和 S_n^2 相互独立；

（2）$\overline{X} \sim N\left(\mu, \frac{1}{n}\sigma^2\right)$；

（3）$(n-1)S_n^2/\sigma^2 \sim \chi^2(n-1)$；

（4）$E(\overline{X}) = \mu$，$E(S_n^2) = \sigma^2$。

1.3 假设检验

假设检验属于数理统计中统计推断问题，它是根据一定假设条件由样本推断总体的一种方法。具体地说，它根据样本资料做出一个总体指标是否等于某一个数值，或某一随机变量是否服从某种概率分布的假设。当已知分布函数形式，所检验的假设是关于总体分布中未知参数的假设时，就称为参数检验；当分布函数形式未知，是关于总体分布函数形式及某些数字特征的假设时，就称为非参数检验。

1. 假设检验的基本原理

假设检验的基本思想是小概率反证法思想。小概率思想是指小概率事件

（$P < 0.01$ 或 $P < 0.05$）在一次试验中基本上不会发生。反证法思想是先提出假设（检验假设 H_0），再用适当的统计方法确定假设成立的可能性大小，如果可能性小，则认为假设不成立；若可能性大，则还不能认为假设不成立。

2. 假设检验的基本步骤

（1）提出原假设（又称零假设）和备择假设（对立假设）。

H_0：总体参数的某种取值

H_1：H_0 不成立

在假设检验中，原假设与备择假设相互对立，两者只能选择其一。备择假设的含义是，一旦否定原假设 H_0，备择假设 H_1 可供你选择。假设检验的问题就是要判断原假设 H_0 是否正确，决定接受还是拒绝原假设。若拒绝原假设，就意味着接受备择假设。此种只判断单一假设 H_0 是否成立的假设检验也称为显著性检验。

例如，设 X_1，$\cdots$，X_n 是来自总体 $N(\mu, \sigma^2)$ 的样本，要检验假设：

$H_0 : \mu = \mu_0$； $H_1 : \mu \neq \mu_0$

（2）给定一个临界概率或称显著性水平 α（一般取 0.05 或 0.01），α 值是一个衡量否定原假设时所需证据多少的指标。

（3）构造检验统计量 Z。根据样本资料的类型和特点，可分别选用 u 检验、t 检验、χ^2 检验、F 检验等。

统计量 $Z \sim N(0, 1)$，查表得 $N(0, 1)$ 上的分位点 $Z_{\alpha/2}$，$P\{|Z| > |Z_{\alpha/2}|\} = \alpha$。这里，$Z_{\alpha/2}$ 称为临界值。

（4）当 σ^2 已知时，使用统计量 $Z_0 = \dfrac{\overline{X} - \mu_0}{\sigma/\sqrt{n}}$ 与 $Z_{\alpha/2}$ 比较。若 $|Z_0| < |Z_{\alpha/2}|$，则意味着本次抽样是大概率事件，支持原假设，所以接受原假设 H_0；否则，拒绝原假设，接受对立假设 H_1。

3. 关于假设检验的 p 值

对于给定样本，通过统计量计算出 $Z_0 = \dfrac{\overline{x} - \mu_0}{\sigma/\sqrt{n}}$，这里的 $\overline{x}$ 是样本观察值的均值，由统计量 $Z \sim N(0, 1)$ 计算 $P\{|Z| > |Z_0|\}$ 为检验的 p 值。由于 $|Z_0| > |Z_{\alpha/2}|$ 等价于

$$p = P\{|Z| > |Z_0|\} \leqslant P\{|Z_0| > |Z_{\alpha/2}|\} = \alpha$$

根据统计量的大小及其分布确定检验假设成立的可能性 p 的大小，并判断

结果。若 p 值小于预先设定的显著性水平，则 H_0 成立的可能性小，即拒绝 H_0；若 p 值不小于预先设定的检验水准，则 H_0 成立的可能性还不小，即接受 H_0。

4. 双侧检验和单侧检验

对总体均值的假设检验可分为两种类型，即双侧检验和单侧检验。

（1）双侧检验

从假设检验

$$H_0: \mu = \mu_0; \qquad H_1: \mu \neq \mu_0$$

可知，已知分布被显著性水平 α 分成了两个区域：接受域和拒绝域。即标准正态曲线下两个尾部概率面积各占 $\alpha/2$，这样就有了两个拒绝域。如果样本统计量落在任一拒绝域，就拒绝原假设。

例如，某厂需要生产平均使用寿命 $\mu = 1000\mathrm{h}$ 的灯泡，如果寿命比 1000h 短，企业就会丧失竞争能力；如果寿命过长，灯丝就要加粗，企业要提高产品成本。为了观察生产过程是否正常，可以从一批产品中抽取 150 个灯泡进行检验，得到平均使用寿命 980h，能否断定这个厂生产的灯泡平均使用寿命为 1000h？

本例中由于该厂不希望灯泡平均使用寿命在 1000h 任何一边超越太多，于是可以假设：

$H_0: \mu = 1000$ （平均使用寿命为 1000）

$H_1: \mu \neq 1000$ （平均使用寿命不是 1000）

由于我们提出的原假设是 $\mu = 1000$，所以只要 $\mu > 1000$ 或 $\mu < 1000$ 两者中有一个成立就可以否定原假设。双侧检验的示意图如图 1-6 所示。

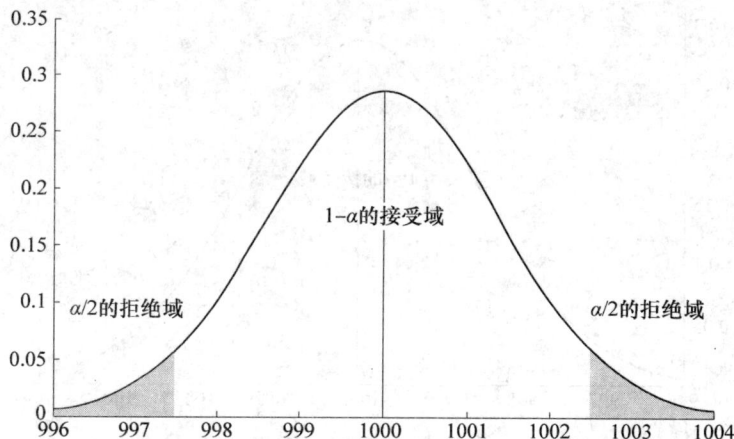

图 1-6 双侧检验示意图

（2）单侧检验

单侧检验主要关心带方向性的检验问题，可分为两种情况：一种是要考察的数值越大越好，如用户购买灯泡的使用寿命；另一种是数值越小越好，如工厂的生产成本。即单侧检验可分为左侧检验和右侧检验两种，它们都只有一个拒绝域。

当原假设为 $H_0: \mu \geqslant \mu_0$，备择假设为 $H_1: \mu < \mu_0$，即为左侧检验，拒绝域在临界值左端。左侧检验的示意图如图1-7所示。

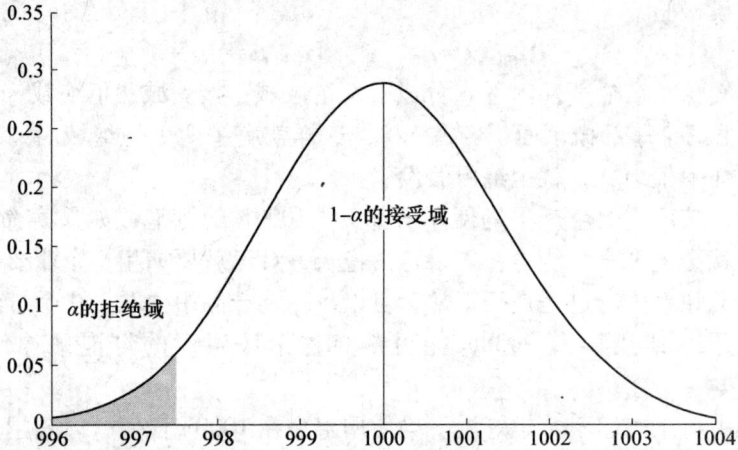

图1-7　左侧检验示意图

当原假设为 $H_0: \mu \leqslant \mu_0$，备择假设为 $H_1: \mu > \mu_0$，即为右侧检验，拒绝域在临界值右端。右侧检验的示意图如图1-8所示。

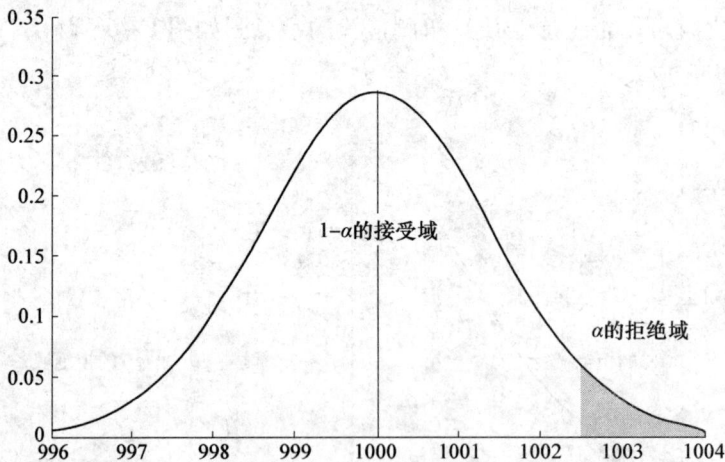

图1-8　右侧检验示意图

5. SPSS 中假设检验的判断方法

在假设检验实际使用中，SPSS 的方法有些不同。在 SPSS 中不直接计算临界值，而是计算样本显著性概率 $p_0 = P\{|Z| > |Z_0|\}$。当 $p_0 > \alpha$，即相当于 $|Z_0| < |Z_{\alpha/2}|$，接受原假设；否则，拒绝原假设。

6. 两类错误

假设检验的原理是小概率事件在一次实验中几乎不会发生。由于样本具有随机性，因此，根据样本做出判断就有可能犯两类错误：一类错误是原假设是正确的，按检验规则却拒绝了原假设，这类错误称为"弃真错误"或第 Ⅰ 类错误，其发生的概率记为 $P\{$拒绝 $H_0|H_0$ 成立$\} = \alpha$；另一类错误是原假设是不正确的而按检验规则接受了原假设，这类错误称为"取伪错误"或第 Ⅱ 类错误，其发生的概率记为 $P\{$接受 $H_0|H_0$ 错误$\} = \beta$。

人们自然希望犯这两类错误的概率越小越好。但对于一定的样本容量 n，犯两类错误的可能性有相反的关系，即减小 α 会引起 β 增大，减少 β 会引起 α 增大。

在上述两类错误中，应首先控制哪一个？在假设检验中，遵守首先控制犯 α 错误原则。原因是：原假设是什么常常是明确的，而替换假设常常是模糊的。所以，人们常把最关心的问题作为原假设提出，将较严重的错误放到了 α，这就能够在假设检验中对 α 错误实施有效控制。常见的默认值 α 取 0.05，也就是检验把正确的原假设 H_0 当做谬误而舍弃的概率不超过 5%。

由此可见，在假设检验中原假设与备选假设的地位是不对等的。一般来说 α 是较小的，因而检验推断是"偏向"原假设，而"歧视"备择假设的。因为，通常情况下，若要否定原假设，需要有显著性的事实，即小概率事件发生，否则就认为原假设成立。因此在检验中接受原假设，并不等于从逻辑上证明了原假设的成立，只是找不到它不成立的有力证据。

我们在应用中一定要慎重提出原假设，它应该是有一定背景依据的。因为它一经提出，通常在检验中是受到保护的，受保护的程度取决于显著性水平 α 的大小，α 越小，以 α 为概率的小概率事件就越难发生，H_0 就越难被否定。

从另一个角度看，既然 H_0 是受保护的，则对于 H_0 的肯定相对来说是较缺乏说服力的，充其量不过是原假设与试验结果没有明显矛盾；反之，对于 H_0 的否定则是有力的，且 α 越小，小概率事件越难以发生，一旦发生了，这种否定就越有力，也就越能说明问题。在应用中，如果要用假设检验说明某个结论成立，那么最好设 H_0 为该结论不成立。若通过检验拒绝了 H_0，则说明结论的成立很具有说服力。

1.4 SPSS 概述

1. SPSS 的产生与发展

SPSS 是专业统计分析软件英文名称的首字母缩写，其原意为 Statistical Package for the Social Sciences，即"社会科学统计软件包"。但是随着 SPSS 产品服务领域的扩大和服务深度的增加，SPSS 公司已于 2000 年正式将英文全称更改为 Statistical Product and Service Solutions，意为"统计产品与服务解决方案"，标志着 SPSS 的战略方向正在做出重大调整。

SPSS 是世界上最早的统计分析软件之一，由美国斯坦福大学的三位研究生于 20 世纪 60 年代末研制，同时成立了 SPSS 公司，并于 1975 年在芝加哥组建了 SPSS 总部。1984 年 SPSS 总部首先推出了世界上第一个统计分析软件微机版本 SPSS/PC +，开创了 SPSS 微机系列产品的开发方向，极大地扩充了它的应用范围，并使其能很快地应用于自然科学、技术科学、社会科学的各个领域。迄今 SPSS 软件已有 40 余年的成长历史，其产品用户分布于通信、医疗、银行、证券、保险、制造、商业、市场研究、科研教育等多个领域和行业，是世界上应用最广泛的专业统计软件之一。

SPSS 是世界上最早采用图形菜单驱动界面的统计软件，它最突出的特点就是操作界面极为友好，输出结果美观漂亮。该软件将几乎所有的功能都以统一、规范的界面展现出来，使用 Windows 的窗口方式展示各种管理和分析数据方法的功能，对话框展示出各种功能选择项。用户只要掌握一定的 Windows 操作技能，粗通统计分析原理，就可以使用该软件为特定的科研工作服务，是非专业统计人员的首选统计软件。SPSS 采用类似 Excel 表格的方式输入与管理数据，数据接口较为通用，能方便地从其他数据库中读入数据。其统计过程包括了常用的、较为成熟的统计过程，完全可以满足非统计专业人士的工作需要。

2. SPSS 的主要功能

SPSS for Windows 是一个组合式软件包，它集数据整理、分析功能于一身。用户可以根据实际需要和计算机的功能选择模块，以降低对系统性能的要求，有利于该软件的推广应用。SPSS 的基本功能包括数据管理、统计分析、图表分析、输出管理，等等。SPSS 统计分析过程包括描述性统计、均值比较、一般线性模型、相关分析、回归分析、对数线性模型、聚类分析、数据简化、生存分析、时间序列分析、多重响应等几大类，每类中又分好几个统计过程，比如回归分析中又分线性回归分析、曲线估计、Logistic 回归、Probit 回归、加权估计、两阶段最小二乘法、非线性回归等多个统计过程，而且每个过程中又允许用户选择不同的方法及参数。SPSS 也有专门的绘图系统，可以根据数据绘制各种图形。

SPSS for Windows 由于其操作简单、功能强大的特点，已经在我国的社会科学、自然科学的各个领域发挥了巨大作用，该软件还可以应用于经济学、生物学、心理学、医疗卫生、体育、农业、林业、商业、金融等各个领域。

3. SPSS 操作界面

在 SPSS 软件中主要有三类窗口，分别是数据编辑窗口、输出窗口和编程窗口。

（1）数据编辑窗口

SPSS 启动后即进入数据编辑窗口（如图 1 - 9 所示），它的主要功能是建立、编辑及显示数据文件，也可以将其他格式的数据文件转换为 SPSS 数据文件格式。

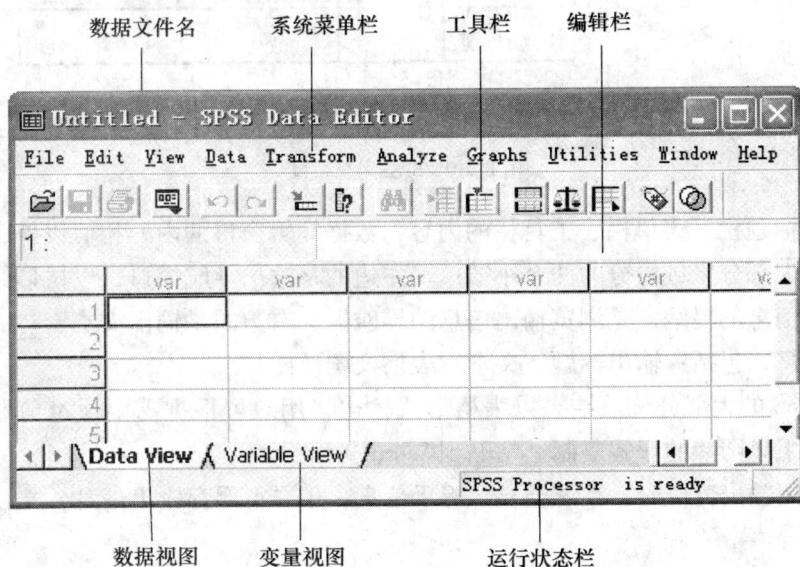

图 1 - 9　数据编辑窗口

如图 1 - 9 所示，数据编辑窗口有两个视图：数据视图和变量视图。SPSS 刚刚启动时，系统默认的是数据视图，可以通过单击窗口左下角的按钮 "Data View" 或 "Variable View" 来切换视图。

在数据编辑窗口中可以通过菜单中的命令实现数据定义、数据整理、统计分析等工作，是 SPSS 的主要工作窗口，在该窗口建立的数据文件以 *.sav 为扩展名保存（SPSS 文件类型详见第 2 章）。

（2）输出窗口

当使用 SPSS 菜单中的命令进行统计计算时，所得到的计算结果（包括出错信息）将显示在输出窗口（如图 1 - 10 所示）。

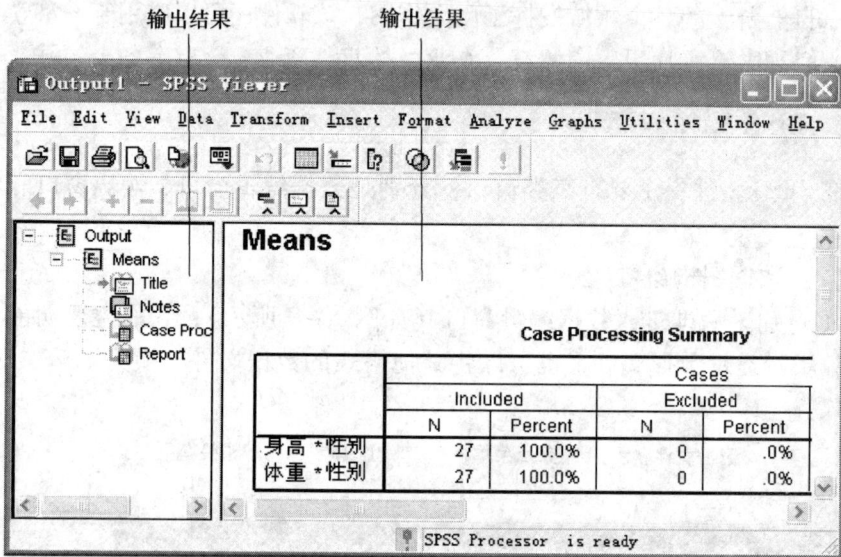

图 1 - 10　SPSS 输出窗口

除标题栏、菜单栏、工具栏的内容与数据编辑窗口的内容相似以外，输出窗口的大部分区域可分为两个小窗口，左边的是输出导航窗口，以树形结构给出输出信息的提纲，是浏览输出信息的导航器；右边的是输出文本窗口，显示输出信息，包括：输出标题、文本、表格及统计图。

SPSS 的大部分统计结果以表格形式输出，用户可根据需要通过剪贴板将计算结果以图片的形式复制、粘贴到 Word 文档中。

关闭输出窗口时，系统会显示提示信息，用户可保存输出信息，文件扩展名为 *.spo。

（3）编程窗口

编程窗口的大部分区域为语句编辑区，在此可以输入、编辑 SPSS 命令，构成 SPSS 程序。

打开编程窗口有以下两种方法。

选择菜单 **File→New→Syntax**，即可打开编程窗口。

选择一种统计分析方法（例如 *Means*），在对话框中设置程序参数后，单击 Paste 按钮，系统自动打开编程窗口，并在窗口生成与指定的统计分析方法及参数设置相应的 SPSS 命令（如图 1 - 11 所示）。

SPSS程序

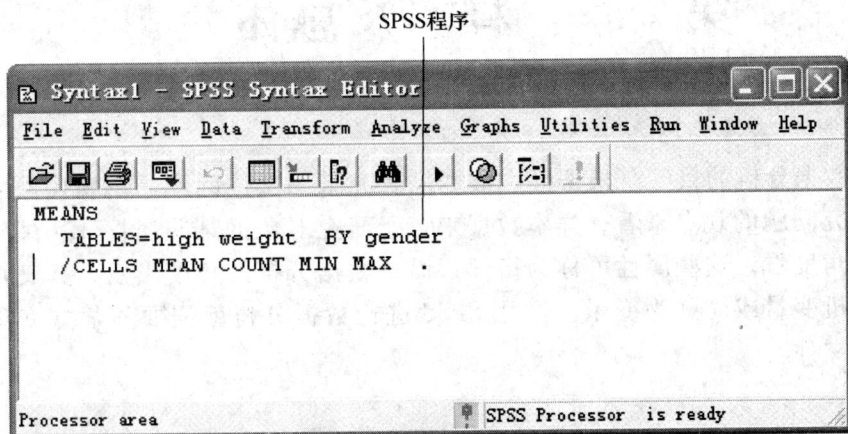

图 1 - 11　SPSS 编辑窗口

第2章 样本及总体分布

数据分析的目的是根据样本数据来研究某一具体问题。用现代面向对象研究问题的观点来看，样本数据来自于研究对象的某些属性；从试验分析的角度看，这些属性可称为指标；而从数据分析的角度出发，其又可称为随机变量或简称为变量。利用 SPSS 进行数据分析就需要先建立变量及数据文件。

2.1 样本数据

在数据编辑器中定义变量并输入数据，即可形成一个可供 SPSS 分析的数据文件。与 Excel 数据文件相似，SPSS 数据文件的每一行是一个记录（即一个个体的信息），每一列是一个变量（即一个指标特征）。

1. 定义变量

在变量视图（Variable View）中可以定义变量的属性，包括：变量名（Name）、变量类型（Type）、宽度（Width）、小数位数（Decimals）、变量标签（Label）、值标签（Values）、缺失值（Missing）、显示列宽（Columns）、对齐方式（Align）和测度（Measure）等，下面具体说明。

（1）变量名

在"Name"中输入变量名，若不输入用户自定义名称，则系统默认为 Var00001、Var00002，依此类推。

（2）变量类型

在"Type"中定义变量类型，SPSS 提供了 3 种基本数据类型：数值型、日期型和字符型，其中数值型又被细分为 5 种，系统默认的是标准数值型。当定义的数据类型是标准数值型时，还要确定宽度（Width）和小数位数（Decimals），系统默认为宽度为 8，小数位数为 2。SPSS 中的变量类型如表 2-1所示。

表 2 - 1 SPSS 的数据类型

变量类型	含 义
Numeric	标准数值型
Comma	逗号数值型
Dot	圆点数值型
Scientific notation	科学计数数值型
Date	日期型
Dollar	带货币符号的数值型
Custom currency	自定义数值型
String	字符型

（3）变量标签和值标签

在定义变量名时一般采用简单的英文单词、缩写等形式，如"sno"、"sname"，在"Label"中可以输入汉字标识变量含义，如"学号"、"学生姓名"。在统计分析的输出中会在与变量名相对应的位置显示该变量标签，有利于对输出结果的分析解读。

值标签是对变量的可能取值的附加说明。如"gender（性别）"，可以定义值标签如：1（男）、2（女）。经过值标签的定义，在录入"gender（性别）"数据时，只需输入"1"或"2"即可。

（4）缺失值

在实际的工作中往往会由于某种原因使记录的数据丢失或失真，如身高本应是"1.66m"却误记为"2.66m"，这种失真的数据在统计分析中不应使用，可以标记为缺失值。在"Missing"中可以定义缺失值：

- No missing values：缺失值用系统默认的圆点表示；
- Discrete missing values：可定义 3 个不同数值为缺失值；
- Range plus one optional discrete missing values：可定义某范围内的数据为缺失值。

（5）显示格式

显示列宽（Columns）表示在数据窗口中显示该变量时所占的列数，一般显示列宽与变量定义的宽度相同。该属性不影响机内值，只影响显示内容。对齐方式（Align）包括左对齐、右对齐和中间对齐。一般情况下，数值型变量默认为右对齐，字符型变量默认为左对齐。

（6）变量的测度方式

变量的测度（Measure）有 3 种形式：

- Scale：度量测度，具有该属性的数据既可以计算也可以比较大小或次序，如身高；

- Ordinal：次序测度，具有该属性的数据可以比较次序但计算结果没有意义，如运动员名次；
- Nominal：名义测度，具有该属性的数据既不能计算也不能比较次序，如"性别"变量中的"1（男）"、"2（女）"。

一般，SPSS 的数值型和日期型变量默认测度为"Scale（度量测度）"，字符型变量默认测度为"Nominal（名义测度）"。

当上述属性描述后，即完成了一个变量的定义。

2. 数据的录入

当变量定义完成后，即可将变量视图（Variable View）切换到数据视图（Data View），在单元格中输入数据（与 Excel 录入数据的过程相似）。

数据录入后，可选择菜单 *File→Save*（或 *Save As*）保存数据文件，文件扩展名是".sav"。

3. 打开和保存数据文件

要打开数据文件，需选择菜单 *File→Open→Data* 或单击 *Open* 按钮，在 Open File 对话框中选择文件。SPSS 可直接打开的数据文件类型见表 2-2。

表 2-2　文件类型

文件类型	说　明
SPSS（*.sav）	SPSS 建立的数据文件
SPSS/pc +（*.sys）	SPSS/pc 建立的语句文件
Systat（*.syd）	Systat 建立的数据文件
Systat（*.sys）	Systat 建立的语句文件
SPSS portable（*.por）	SPSS 简便格式的数据文件
Excel（*.xls）	Excel 建立的数据文件
Lotus（*.w*）	Lotus 格式的数据文件
SYLK（*.slk）	SYLK 格式的数据文件
dBASE（*.dbf）	数据库格式文件
SAS V7 + Windows（*.sd7）	SAS V7 + Windows 数据文件
SAS V6 for Windows（*.sd2）	SAS6 Windows 数据文件
SAS V6 for Unix（*.ssd01）	SAS6 Unix 数据文件
SAS Transport（*.xpt）	SAS 简便格式的数据文件
Text（*.txt）	纯文本数据文件
Data（*.dat）	ASCII 码编写的数据文件

由表 2−2 可知，SPSS 既可以打开扩展名为 . sav 的数据文件，也可以打开其他类型的数据文件并自动转化为 SPSS 格式的数据文件。在保存文件时，用户也可以根据需要将 SPSS 数据文件按上述格式保存。

2.2　数据整理

一般情况下，SPSS 的分析过程对数据的格式有特殊要求，因此，在数据文件建立后，还需要进一步进行考察、整理和变换，为统计分析做好准备。数据的整理主要包括：排序、转置、合并、拆分、筛选等。

1. 记录排序（Sort Cases）

当需要按照某个（或某些）变量的值的顺序重新排列个体在数据文件中出现的顺序时，选择菜单 *Data→Sort Cases*，在对话框中设置。

（1）选择排序变量

将选定的变量移至右边的 Sort By 框中，即选择了排序变量。当选择两个以上的排序变量时，列于首位的称为第一排序变量，文件中的个体按该变量的值排序，出现重复值时，按照第二排序变量的值排序，依此类推。

（2）选择排序方式

- Ascending：按所选择的变量的值升序排列；
- Descending：按所选择的变量的值降序排列。

单击 *OK* 按钮即可完成排序工作。

2. 数据转置（Transpose）

使用 SPSS 中的转置过程，可以将原数据文件的行变为列，列变为行，生成一个新的数据文件，即原来的个体转变为变量，而原来的变量转变为个体。选择菜单 *Data→Transpose*，即可打开数据转置对话框。

（1）选定进行转置的变量

将要进行转置的变量送入 Variables 框中，则所有选定的变量及其数据被转置。转置后，系统自动生成一个新的字符型变量 case_lbl，其值为原数据文件中的变量名，以便用户了解个体所对应的原变量名。新数据文件中不会出现未选择的变量。

（2）选择命名变量

若原数据文件中存在序号变量（ID）或包含每个个体都是唯一值的变量，如编号、姓名等，可利用它作为命名变量（Name Variable），该变量的值将用于生成转置后数据文件的变量名。如果不选择某个变量进入 Name Variable 框中，则系统自动为转置后的变量命名 Var001、Var002 等。

3. 合并文件（Merge Files）

合并文件是指在当前数据文件的基础上将外部数据中的个体或变量合并到一个数据文件中，即存在两种合并方式，一种是增加个体数据（Add Cases），称为纵向合并，另一个是增加变量（Add Variables），称为横向合并。

（1）纵向合并（Add Cases）

首先在数据窗口打开文件，然后执行 **Data→Merge Files→Add Cases**，在对话框中指定一个外部 SPSS 数据文件，在 Unpaired Variables 中列表显示的是两个数据文件中的不匹配变量，当前文件的变量用"＊"标注，外部文件的变量用"＋"标注，可分为以下三种情况：变量名不匹配，用户可为这两个变量创建配对并引入新数据文件中；变量类型不匹配，不能合并；变量长度不匹配（字符型），不能合并。

（2）横向合并（Add Variables）

当两个数据文件记录相同而变量不同时可以使用横向合并，即从一个数据文件向另一个数据文件添加变量，此时两个文件必须具有相同的关键变量，如编号，且要求两个文件按照相同的方式（关键变量）对个体进行排序。执行 **Data→Merge Files→Add Variables**，在对话框中作设置完成文件横向合并。

4. 拆分文件（Split File）

拆分文件是对当前数据文件中的记录按照一定条件拆分为多个独立的分组，以便对每个组分别进行统计分析。需要注意的是，该命令并未将数据文件真正拆分成几个文件，而是一种逻辑上的拆分，方便分组统计，这种拆分可以取消，使数据文件恢复原状。

拆分文件执行 **Data→Split File**，在对话框中有 3 种拆分方法单选项：

（1）Analyze all cases, do not create groups：分析所有个体，不建立分组；该选项用于拆分文件后取消拆分，恢复数据文件原状。

（2）Compare groups：分组比较，将拆分后统计分析的结果放在一个表中，便于比较。

（3）Organize output by groups：将拆分后统计分析的结果按照数据分组情况独立列出。

在拆分文件时，一般可选择 Compare groups，在左侧的变量列表中选定一个（或多个）分组变量移到 Groups bases on 变量框中，单击 **OK** 按钮即可完成数据拆分。

如果只选择了一个分组变量，则统计分析的结果会按照该变量的每个值分组分别进行分析，如果选择了多个分组变量，则统计分析的结果会按照选择的变量各个值的组合分组，对每个组分别进行分析。

5. 个体筛选（Select Cases）

在 SPSS 中可以按照一定规则选择个体，然后进行统计分析（Analyze）或作图（Graphs）。执行 **Data→Select Cases**，在对话框中有五种选取个体的功能，既可以按一定条件选择，也可以按随机抽样的方法选择。

（1）All cases（所有个体），使用所有个体进行分析。

（2）If condition is satisfied（满足条件表达式），单击 **If**…按钮，构造条件表达式，选择满足条件的个体进行分析。

（3）Random sample of cases（随机抽取个体），单击 **Sample**…按钮，根据比例近似选择或是在指定范围内随机选择给定数目的个体。

（4）Based on time or case range（根据时间或个体范围），单击 **Range**…按钮，可以在对话框中输入范围的第一个和最后一个记录号，则在指定范围的个体参与统计分析，其余的被过滤掉。

（5）Use filter variable（使用过滤变量），从左侧的变量列表中选择一个数值型变量作为过滤变量，则该变量的值不是 0 或缺失值的个体被选中。

在 Unselected Cases Are 栏中，可以选择未被选中的个体的处理方式：

- Fileted：个体编号被打上斜线，不参与统计分析；
- Deleted：未选中的个体从数据文件中删除。

6. 计算（Compute）

当统计分析时需要根据已存在的变量建立新变量时，可以利用 Compute 过程来实现。执行 **Transform→Compute**，在对话框中按照下列步骤设置。

（1）定义目标变量

在 Target 框中输入目标变量的名称，用于接收计算结果。该目标变量可以是已定义的变量，也可以是新的变量，对于新变量，系统默认为数值型，可以通过单击 **Type & Label** 按钮，在展开的对话框中定义新变量的类型和标签。

（2）定义表达式

在 Numeric Expression（表达式）框中定义数学表达式，表达式由常量、已定义的变量、数学运算符、关系运算符和逻辑运算符组合而成。

- 在左侧的变量列表中选择已存在的变量，移到表达式框中；
- 在操作板上选择数字或运算符，单击即可出现在表达式框中；
- 在函数框中选择需要的函数双击即可出现在表达式框中。（要查阅 SPSS 函数的详细资料，可单击对话框中的 **Help** 按钮，即可打开系统帮助窗口

Base System，可以查阅有关函数的使用要求。）

（3）选择记录

生成目标变量的计算默认是对所有记录都计算，若只计算满足条件的记录，可以单击 *If*…按钮，在对话框中设置选择记录的逻辑条件。这时，使条件表达式为真的记录会根据数学表达式计算新变量的值。

7. 重新编码（Recode）

有时，需要将连续变量分成几个档次，变成有序的离散型变量，便于频数分析，要使用重新编码过程来实现。SPSS 中 Transform 菜单的 Recode 和 Automatic Recode 均可以实现重新编码。其中，Automatic Recode 是自动重新编码，而 Recode 允许在编码过程中进行人为设置。这里只介绍 Recode 命令的使用方法。

执行 *Transform→Recode*，在展开的级联菜单中包含两个子命令：Into Same Variables（重新编码为相同变量）和 Into Different Variables（重新编码为不同变量），由于第一个子命令生成的新变量值会代替原来的内容，为了在数据文件中保留原有数据信息，建议使用第二个子命令。重新编码按照下列步骤操作。

（1）命名新变量

在左侧的变量列表中选择要重新编码的变量，移入 Numeric Variable→Output Variable 框中。每选择一个变量，就要在 Name 栏中定义新的变量名，单击 *Change* 按钮完成新变量的命名。

（2）设置变量值的对应关系

点击 *Old and New Values* 按钮，在对话框中重新编码，按下列步骤定义变量旧值与新值之间的对应关系。

- Old Value：需要重新编码的旧值，可以是单个数值（Value），也可以是数值范围（Range）或是缺失值（System- missing/System- or user- missing）。对字符型变量重新编码时不能选择范围和系统缺失值。
- New Value：需要重新编码的新值。
- Old→New：即旧值与新值的对应列表，用户可对列表中的内容使用 *Add*（增加）、*Change*（修改）和 *Remove*（剔除）按钮进行调整。

例 2.1 打开数据文件例 2 - 1，该文件记录了某公司的员工信息。对于公司职工的年龄可以按照指定范围分为青年（年龄在 35 岁以下）、中年（年龄在 35 ~ 50 岁之间）和老年（年龄在 50 岁以上）三组。通过上述操作定义 Old→New 列表如下，单击 *Continue→OK* 按钮，完成重新编码。①Lowest thru 35→1；②36 thru 50→2；③51 thru Highest→3（见表 2 - 3）。

表2-3 年龄编码

编　号	年　龄	年龄分组
1	47	2
2	41	2
3	70	3
4	52	3
5	44	2
6	41	2
7	43	2
8	33	1
…	…	…

2.3 多元正态分布

设 $X_j(j=1, 2, \cdots, p)$ 是随机变量，则记 $\boldsymbol{X}=(X_1, X_2, \cdots, X_p)$ 为一个 p 维随机向量。称（2.1）式为 $\boldsymbol{X}$ 的联合分布密度函数。

$$F(x_1,x_2,\cdots,x_p) = P\{X_1 \leqslant x_1,X_2 \leqslant x_2,\cdots,X_p \leqslant x_p\} \qquad (2.1)$$

若 $\boldsymbol{X}$ 为连续型随机向量，称（2.2）式中的 $f(y_1, y_2, \cdots, y_p)$ 为 $\boldsymbol{X}$ 的联合概率密度函数，简称密度函数。

$$F(x_1,x_2,\cdots,x_p) = \int_{-\infty}^{x_1} \int_{-\infty}^{x_2} \cdots \int_{-\infty}^{x_p} f(y_1,y_2,\cdots,y_p)\mathrm{d}y_1\mathrm{d}y_2\cdots\mathrm{d}y_p \qquad (2.2)$$

记 $f_j(x_j)(j=1, \cdots, p)$ 是 X_j 的概率密度函数，则随机变量 $X_1, \cdots, X_p$ 相互独立的充分必要条件是

$$f(x_1,\cdots,x_p) = f_1(x_1)\cdots f_p(x_p) \qquad (2.3)$$

记 $\boldsymbol{X}$ 的均值向量为

$$E(\boldsymbol{X}) = (E(X_1),\cdots,E(X_p)) = (\mu_1,\cdots,\mu_p) = \boldsymbol{\mu}$$

记 $\boldsymbol{X}$ 的协方差阵 $\boldsymbol{S}$ 为

$$D(\boldsymbol{X}) = E((\boldsymbol{X} - E(\boldsymbol{X}))'(\boldsymbol{X} - E(\boldsymbol{X})))$$

$$= \begin{pmatrix} \mathrm{Cov}(X_1,X_1) & \mathrm{Cov}(X_1,X_2) & \cdots & \mathrm{Cov}(X_1,X_p) \\ \mathrm{Cov}(X_2,X_1) & \mathrm{Cov}(X_2,X_2) & \cdots & \mathrm{Cov}(X_2,X_p) \\ \cdots & \cdots & \cdots & \cdots \\ \mathrm{Cov}(X_p,X_1) & \mathrm{Cov}(X_p,X_2) & \cdots & \mathrm{Cov}(X_p,X_p) \end{pmatrix}$$

$$= (\sigma_{ij})_{p \times p}$$

其中 $\mathrm{Var}(X_j) = \mathrm{Cov}(X_j, X_j) = \sigma_{jj}$。

记 r_{ij} 为 X_i 与 X_j 的相关系数，$\boldsymbol{R}$ 为 $\boldsymbol{X}$ 的相关阵

$$r_{ij} = \frac{\sigma_{ij}}{\sqrt{\sigma_{ii}} \sqrt{\sigma_{jj}}} \qquad i,j = 1,2,\cdots,p$$

$$R = (r_{ij})_{p \times p}$$

称 X 为 p 维正态随机向量，或遵从多元正态分布，记 $X \sim N_p(\boldsymbol{\mu}, \, \boldsymbol{S})$，若其联合密度函数为

$$f(x_1, \cdots, x_p) = \frac{1}{(2\pi)^{p/2} |\boldsymbol{S}|^{1/2}} \exp \left[-\frac{1}{2} (\boldsymbol{x} - \boldsymbol{\mu})' \boldsymbol{S}^{-1} (\boldsymbol{x} - \boldsymbol{\mu}) \right] \quad (2.4)$$

其中 $\boldsymbol{x} = (x_1, \, \cdots, \, x_p)'$；$\boldsymbol{\mu} = (\mu_1, \, \cdots, \, \mu_p)'$ 为一常数向量；$\boldsymbol{S}$ 为 p 阶正定矩阵。同时可以证明：$E(\boldsymbol{X}) = \boldsymbol{\mu}$，$D(\boldsymbol{X}) = \boldsymbol{S}$。

实际上，p 维正态随机向量的每个分量服从一维正态分布。作为多元正态分布的一个特例，若 $X_1, \cdots, X_p$ 是相互独立，且均服从标准正态分布，则 $\boldsymbol{X} \sim N_p(\boldsymbol{0}, \boldsymbol{I})$。其中 $\boldsymbol{0}$ 是 p 阶 0 矩阵，$\boldsymbol{I}$ 是 p 阶单位矩阵。

2.4 样本的数字特征

设多元正态总体 $\boldsymbol{X} \sim N_p(\boldsymbol{\mu}, \, \boldsymbol{S})$，$\boldsymbol{x}_i = (x_{i1}, \, \cdots, \, x_{ip})' (i = 1, \, 2, \, \cdots, \, n)$ 是该总体的一组简单随机样本，称

$$\boldsymbol{x} = (\boldsymbol{x}_1, \boldsymbol{x}_2, \cdots, \boldsymbol{x}_n)' = \begin{pmatrix} x_{11} & x_{12} & \cdots & x_{1p} \\ x_{21} & x_{22} & \cdots & x_{2p} \\ \cdots & \cdots & \cdots & \cdots \\ x_{n1} & x_{n2} & \cdots & x_{np} \end{pmatrix}$$

为观测数据阵或样本数据阵。

记

$$\bar{x}_j = \frac{1}{n} \sum_{i=1}^{n} x_{ij} \qquad j = 1, \cdots, p$$

则可定义样本均值向量

$$\bar{\boldsymbol{x}} = \frac{1}{n} \sum_{i=1}^{n} \boldsymbol{x}_i = (\bar{x}_1, \cdots, \bar{x}_p)'$$

记

$$a_{ij} = \sum_{t=1}^{n} (x_{ti} - \bar{x}_i)(x_{tj} - \bar{x}_j) \qquad i, j = 1, \cdots, p$$

则定义样本离差阵

$$\boldsymbol{A} = \sum_{i=1}^{n} (\boldsymbol{x}_i - \bar{\boldsymbol{x}})(\boldsymbol{x}_i - \bar{\boldsymbol{x}})' = (a_{ij})_{p \times p}$$

定义样本协方差阵

$$\boldsymbol{S} = \frac{1}{n-1} \boldsymbol{A} = (s_{ij})_{p \times p}$$

其中

$$s_{ii} = \frac{1}{n-1} \sum_{t=1}^{n} (x_{ti} - \bar{x}_i)^2 \qquad i = 1, \cdots, p$$

称为 X_i 的样本方差，其平方根称为样本标准差。

记

$$r_{ij} = \frac{s_{ij}}{\sqrt{s_{ii}}\sqrt{s_{jj}}} \qquad i,j = 1,\cdots,p$$

则定义样本相关阵

$$\boldsymbol{R} = (r_{ij})_{p\times p}$$

根据以上定义，可以得到如下结论：

(1) $\overline{\boldsymbol{X}} \sim N_p(\boldsymbol{\mu}, \boldsymbol{S})$；

(2) $\boldsymbol{A} = \sum_{i=1}^{n-1} \boldsymbol{Z}_i\boldsymbol{Z}_i'$，其中 $\boldsymbol{Z}_1, \cdots, \boldsymbol{Z}_{n-1}$ 独立同 $N_p(\boldsymbol{0}, \boldsymbol{S})$ 分布；

(3) $\overline{\boldsymbol{X}}$ 和 $\boldsymbol{A}$ 相互独立。

2.5　正态性检验

在统计分析中，多数情况下总是假定总体是服从正态分布的，而且统计推断的优劣与此密切相关。因此，对于一个随机变量是否服从正态分布进行检验是很有必要的。

检验正态分布的方法有很多，包括 χ^2 检验、W 检验、D 检验等。这里，仅介绍 Q - Q（Quantile-Quantile）图检验法和 P - P（Probability-Probability）图检验法。

假设正态总体 $X \sim N(\mu, \sigma^2)$，样本观察值 $x_1, \cdots, x_i, \cdots, x_n$。把观察值按升序排列：$x_{(1)} \leqslant \cdots \leqslant x_{(i)} \leqslant \cdots \leqslant x_{(n)}$，其第 i 个分位点是 $x_{(i)}$。称待检验样本的概率分布为经验分布，分位点 $x_{(i)}$ 的概率是 $p_i = \dfrac{i}{n}$，不过在实际应用中，常用 $\dfrac{i-0.5}{n}$ 代替 $\dfrac{i}{n}$ 以取正态分布的下侧分位点。

记 $\Phi(x)$ 为标准正态分布函数，$F(x)$ 为总体分布函数，则

$$F(x) = \Phi\left(\frac{x-\mu}{\sigma}\right)$$

记 u_i 是样本分布概率 p_i 对应的标准正态分布的分位点，q_i 是样本分位点 $x_{(i)}$ 对应的正态总体分布的概率：

$$u_i = \Phi^{-1}(p_i), q_i = F(x_{(i)})$$

Q - Q 图检验法就是绘制数据 $(u_i, x_{(i)})(i = 1, \cdots, n)$ 的散点图，P - P 图就是绘制数据 $(p_i, q_i)(i = 1, \cdots, n)$ 的散点图。若待检验样本的总体为正态分布时，则这些散点应基本在一条直线上。

例 2.2　打开数据文件例 2 - 2。如表 2 - 4 所示，该文件记录了 27 个儿童的性别（sex）、年龄（age）、身高（high）、体重（weight）数据；0 = 男，1 = 女。现欲检验体重是否服从正态分布。

表 2 – 4 样本数据

No.	sex	age	high	weight	No.	sex	age	high	weight
1	0	10	1.46	38	15	0	12	1.60	53
2	0	11	1.56	48	16	1	12	1.59	42
3	0	11	1.50	40	17	1	11	1.48	40
4	1	10	1.48	39	18	0	11	1.55	44
5	1	10	1.43	43	19	0	10	1.44	37
6 -	1	12	1.64	60	20	0	12	1.62	56
7	0	10	1.48	39	21	1	12	1.60	55
8	0	10	1.43	35	22	1	12	1.62	53
9	1	11	1.55	46	23	0	11	1.55	55
10	1	11	1.55	44	24	0	10	1.44	38
11	1	11	1.46	40	25	1	11	1.46	41
12	1	13	1.59	55	26	1	12	1.62	49
13	0	11	1.52	42	27	1	11	1.55	48
14	1	10	1.43	43					

选择菜单 *Graphs*→*Q - Q*，选 *weight* 作变量（Variables），其他选项默认。图 2 –1 所示为体重的 Q – Q 散点图。从图中可以看出，点基本散落在直线附近，可认为体重是服从正态分布的。但只画出了 16 个点，这是因为去除了相同的样本观察值。

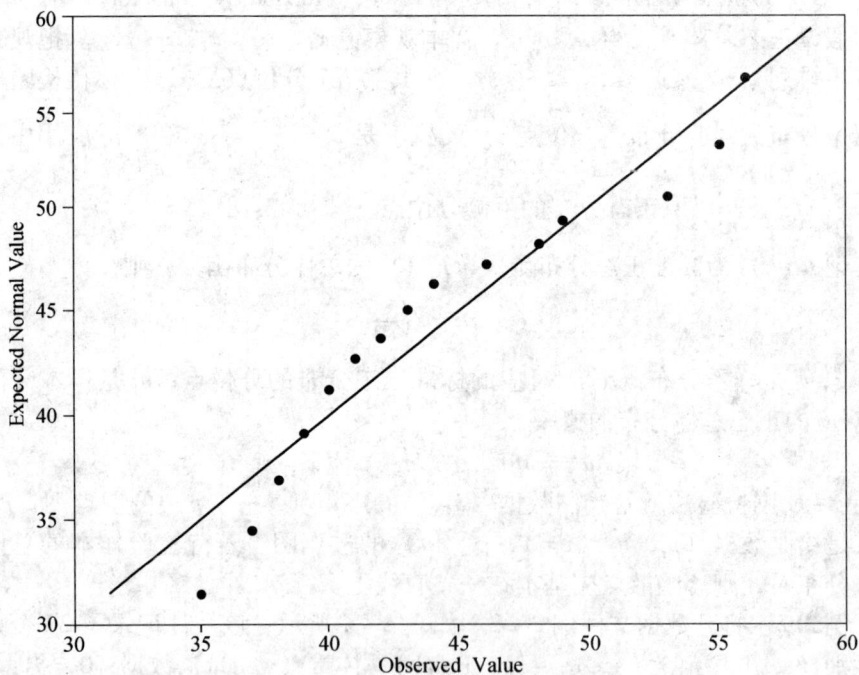

图 2 – 1   Normal Q – Q Plot

选择菜单 **Graphs**→**P－P**，选 *weight* 作变量（Variables），其他选项默认。图 2－2 所示为体重的 P－P 散点图。从图中可以看出，点基本散落在直线附近，可认为体重是服从正态分布的。

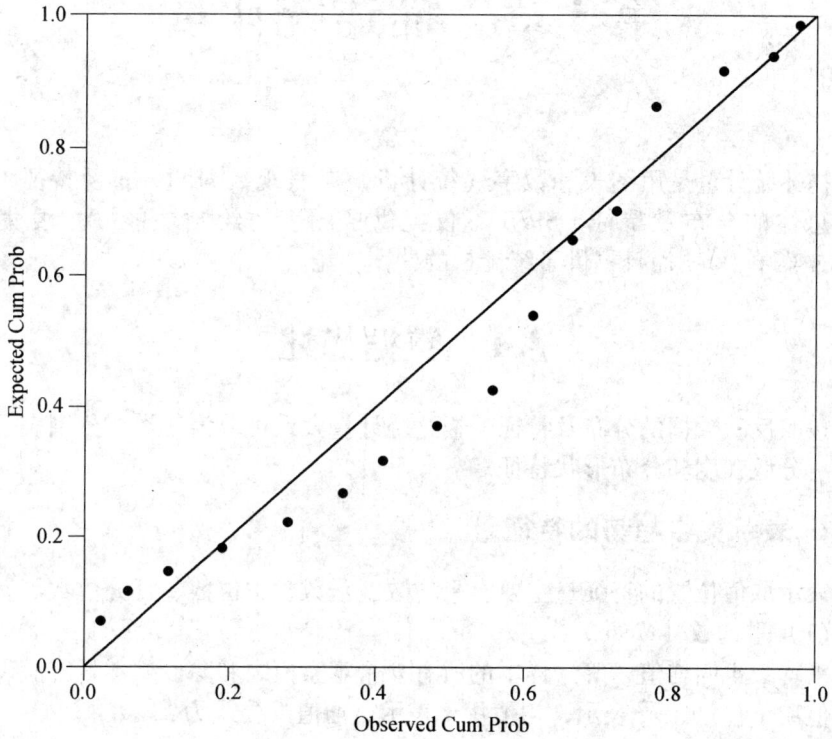

图 2－2　Normal P－P Plot

第 3 章　描述统计量

描述统计量是用图表和数字（统计量）来表现数据的分布及特征，也反映了总体的分布及特征。SPSS 不仅提供了图表的绘制功能（主要集中在 Graphs 菜单中），而且提供了统计量的计算功能。

3.1　数据描述

按照反映数据的分布及特征，描述统计量大致可分为三类，分别表示集中趋势、分散程度和分布形状特征。

1. 表示集中趋势的特征量

表示取值位置的特征量主要有平均数、众数、中位数、百分位数等。

（1）平均数（Mean）

平均数也叫均值，等于样本的所有 n 个观察值之和除以样本量。假设 n 个观察值用 x_1，$\cdots$，x_n 表示，均值用 $\bar{x}$ 表示，均值的公式为：

$$\bar{x} = \frac{1}{n}\sum_{i=1}^{n} x_i \tag{3.1}$$

（2）众数（Mode）

众数是一组数据中出现次数最多的数据。一组数据中的众数有时不只一个，例如，在数据 2、3、−1、2、1、3 中，2 和 3 都出现了 2 次，则它们都是这组数据的众数。

（3）中位数（Median）

一组观察值 x_1，$\cdots$，x_i，$\cdots$，x_n 按升序排列为 $x_{(1)} \leqslant \cdots \leqslant x_{(i)} \leqslant \cdots \leqslant x_{(n)}$，中位数是位于数列中间位置的数，记中位数为 $x_{(m)}$，则有：

$$x_{(m)} = \begin{cases} x_{(\frac{n+1}{2})} & \text{当 } n \text{ 为奇数} \\ \frac{1}{2}\left(x_{(\frac{n}{2})} + x_{(\frac{n}{2}+1)}\right) & \text{当 } n \text{ 为偶数} \end{cases} \tag{3.2}$$

（4）百分位数（Percentile）

百分位数是中位数的推广。把数据按升序排列 $x_{(1)} \leqslant \cdots \leqslant x_{(i)} \leqslant \cdots \leqslant x_{(n)}$，在数列中处于位置 $t\%$ 的数称为 t 百分位数，记 t 百分位数为 $x_{(t)}$，则有：

$$x_{(t)} = \begin{cases} \dfrac{1}{2}(x_{(j)} + x_{(j+1)}) & \text{存在} j = \dfrac{nt}{100} \\[3mm] x_{(j+1)} & \text{否则,取} j = \dfrac{nt}{100} \end{cases} \qquad (3.3)$$

其中,第 50 百分位数就是中位数;第 25 百分位数称为 1/4 分位数,记做 Q_1;第 75 百分位数称为 3/4 分位数,记做 Q_3。

在上述统计量中,平均数是最典型也是最常用的统计量,适用于度量测度变量,可以看做是数据的"平衡点"或"重心"位置所在。当样本数据的分布比较规则、对中心的偏离不是很大的情况下,平均数能很好地描述统计量;如果存在极端值或分布偏离比较大时,还必须使用众数和中位数来补充描述。

2. 表示分散程度的特征量

表示数据分散程度的特征量主要有方差、标准差、极差、标准误等。

（1）方差（Variance）

方差是各个数据与平均数之差的平方的平均数,即数据和中心偏离的程度。方差用来衡量一批数据的波动大小（即这批数据偏离平均数的大小）。在样本容量相同的情况下,方差越大,说明数据的波动越大,取值越不稳定。

$$S^2 = \frac{1}{n-1}\sum_{i=1}^{n}(x_i - \bar{x})^2 \qquad (3.4)$$

（2）标准差（Std. Deviation）

在有些情况下,需要用到方差的算术平方根,我们把它称为这组数据的标准差。它也是一个用来衡量一组数据波动大小的重要的量。

$$S = \sqrt{\frac{1}{n-1}\sum_{i=1}^{n}(x_i - \bar{x})^2} \qquad (3.5)$$

由方差和标准差的计算公式可知,方差是实际值与期望值之差平方的平均值,而标准差是方差平方根。计算标准差要比计算方差多开一次平方,但它的度量单位与原数据一致,有时用它比较方便。

（3）极差（Range）

极差是最大值与最小值之间的差。

$$R = x_{(n)} - x_{(1)} \qquad (3.6)$$

（4）四分位极差（Interquartile Range）

四分位极差是 3/4 分位数与 1/4 分位数之差。

$$Q_v = Q_3 - Q_1 \qquad (3.7)$$

（5）均值的标准误（S. E. Mean）

标准误即样本均数的标准差,是描述均数抽样分布离散程度及衡量均数抽样误差大小的尺度。

$$S_m = \frac{S}{\sqrt{n}} = \sqrt{\frac{1}{n(n-1)} \sum_{i=1}^{n} (x_i - \bar{x})^2} \qquad (3.8)$$

需要注意的是，标准误差不是测量值的实际误差，也不是误差范围，它只是对一组测量数据可靠性的估计。标准误差小，测量的可靠性大一些；反之，测量就不大可靠。

3. 表示分布形状的特征量

表示分布形状的特征量主要有偏度和峰度等。

（1）偏度（Skewness）

偏度亦称偏态或偏态系数，是描述某变量取值分布对称性的统计量，是统计数据分布非对称程度的数字特征。

$$Skewness = \frac{n \sum_{i=1}^{n} (x_i - \bar{x})^3}{(n-1)(n-2)s^3} \qquad (3.9)$$

当偏度值接近0时，可认为分布是对称的；当偏度值大于0时称为右偏态（或正偏），表示偏离均值位置的数据右侧比左侧更分散；当偏度值小于0时称为左偏态（或负偏），表示偏离均值位置的数据左侧比右侧更分散。

（2）峰度（Kurtosis）

峰度是用来考察分布形状陡峭或平缓程度的统计量，它是以正态分布为标准（假设数据分布的方差与正态分布的方差相同），比较两侧极端数据的分布情况的指标。

$$Kurtosis = \frac{n(n+1) \sum_{i=1}^{n} (x_i - \bar{x})^4}{(n-1)(n-2)(n-3)s^4} - \frac{3(n-1)^2}{(n-2)(n-3)} \qquad (3.10)$$

当峰度值接近0时，可认为分布的方差与正态分布的方差相等，即分布形状的陡峭程度与正态分布一致；当峰度值大于0时，该分布形状比较陡峭；当峰度值小于0时，该分布形状比较平缓。

3.2　数据考察

数据考察的目的是对录入的数据特征进行了解，特别是检查那些极端数据，数值过大或过小的数据均有可能是奇异值或错误数据。对这样的数据要识别出来，分析原因以便在运算前改正或剔除。奇异值的存在往往对分析结果影响较大，不能真实反映数据的总体特征。

数据考察工作在数据文件建立后，可以由命令 Explore 完成。该过程可以产生所有个体或不同分组个体的综合统计量及图形，用来对数据进行筛检，发现奇异值、描述性分析、假设检验及不同分组个体的特征描述。

打开数据文件后，执行 ***Analyze→Descriptive Statistics→Explore***，在主对话框中按步骤操作。

1. 基本设置

（1） Dependent List（因变量列表）

可选择 1 个（或多个）因变量作为分析对象。

（2） Factor List（因素变量列表）

可选择 1 个（或多个）因素变量作为分组变量。分组变量可以将数据按该变量中的值进行分组分析，若选择多个分组变量，则以分组变量各个取值进行组合分组。

（3） Label Cases by（个体标识变量）

可选择 1 个变量作为个体的标识变量，当数据结果涉及个体时（如奇异值的输出），可使用该变量的值标识个体。

（4） Display（显示/输出）

Both – 输出图形和描述统计量（系统默认选项）；Statistics – 只输出描述统计量；Plots – 只输出图形。

2. 选择描述统计量

单击 ***Statistics*** 按钮，打开 Explore：Statistics 对话框，可以进一步选择需要输出的统计量。

● Descriptives 复选框：输出基本描述统计量，显示数据的集中趋势、分散程度和分布形状等特征。选择此项将输出平均数、均值中位数、众数、5% 的调整均值、方差、标准差、标准误、最大值、最小值、极差、偏度、峰度等。

● Confidence Interval for Mean：表示均值的置信区间，在参数框中可以输入置信区间的值，选择范围从 1% ~ 99%，95% 为默认值。

● M-estimators 复选框：即 M 估计量，显示样本均数或中位数位置参数的稳健最大似然估计值。

● Outliers 复选框：即奇异值，显示 5 个最大值与最小值，并在输出窗口显示它们的个体标识。

● Percentiles 复选框：显示 5%、10%、25%、50%、75%、90% 以及 95% 的百分位数。

3. 选择统计图形

单击 ***Plots*** 按钮，打开 Explore：Plots 对话框，可以进一步选择统计图形及参数设置。

（1） Boxplots 箱图选择栏

● Factor levels together：因变量按因素水平分组，各组因变量生成并列箱图，比较不同水平上的分布情况。

- Dependents together：所有因变量生成一个并列箱图，在同一水平上比较各因变量值的分布。
- None：不绘制箱图。

（2）Descriptive 描述图形栏

- Stem-and-leaf：生成茎叶图（默认选项）。
- Histogram：生成直方图。

（3）Normality plots with tests（带检验的正态图）

显示正态概率与离散正态概率图。同时输出 Kolmogorov-Smirnov 统计量的 Liliefors 显著性水平检验，如果个体数不超过 50 个，计算并输出 Shapiro-Wilk 统计量。

（4）Spread vs Level with Levene Test（带 Levene 检验的散布 – 水平图）

将观察量数据转换为散布 – 水平图，在该图上显示回归斜线、Levene 稳健估计。若选择了 Transformed 转换选项，将依据转换后的数据计算。

- None：不产生散布 – 水平图及方差齐性 Levene's 检验（默认选项）。
- Power estimation：转换幂值估计，对每组数据产生一个中位数自然对数与四分位数的自然对数的散点图，同时为了使每组数据的相等对数据进行幂变换。
- Transformed：对数据进行变换，在 Power 参数框中指定幂变换使用的幂值。
- Untransformed：不对数据进行转换。

4. 设置选项

单击 *Options* 按钮，打开 Explore：Options 对话框，可以确定对缺失值的处理。

- Exclude cases listwise：剔除含有缺失值的全部个体。
- Exclude cases pairwise：成对剔除含有缺失值的个体。
- Report values：报告缺失值。

例 3.1　打开数据文件例 3 – 1，该数据文件中包含了 27 个儿童的身高及体重测量值，如表 3 – 1 所示。

表 3 – 1　样本数据

样　本	性别（sex）	年龄（age）	身高（high）	体重（weight）
1	女	12	1.60	55
2	女	12	1.62	53
3	男	11	1.55	44
4	男	11	1.52	42
5	女	10	1.43	43
…	…	…	…	…

选择菜单 *Analyze→Descriptive Statistics→Explore*，取因变量为 high（身高），分组变量为 sex（性别），在默认状态下运行 Explore。

（1）Descriptives 表

表中列出变量 high 的有关描述统计量的数值，按性别（sex）分组，sex 取 0 表示男性，取 1 表示女性。表头部分的 Statistics 指统计量的值，Std. Error 标准误差。该表输出的描述统计量包括：

均值（Mean），均值的 95% 置信区间（95% Confidence Interval for Mean），其中的 Lower Bound 为区间的左端点，Upper Bound 为右端点；5% 调整均值（5% Trimmed Mean）；中位数（Median）；方差（Variance）；标准差（Std. Deviation）；最小值（Minimum）；最大值（Maximum）；极差（Range）；四分位极差（Interquartile Range）；偏度（Skewness）；峰度（Kurtosis）。

（2）茎叶图（Stem-and-Leaf Plots）

默认状态下 Explore 除提供以上统计量信息外，还用茎叶图表示数据的频数分布情况。茎叶图，自左至右分为三个部分：频数（Frequency）、茎和叶（Stem & Leaf）。其中：茎表示数值的整数部分，叶表示数值的小数部分。每行的茎和每个叶组成的数字相加再乘以茎宽，即为茎叶所表示实际数据的近似值。这样可以非常直观地看出数据的分布范围及形态。

本例的茎叶图按性别分为两个：第一个是男性（sex = 0）身高的茎叶图，它的表头由 3 个栏目组成：频数（Frequency）、茎和叶（Stem & Leaf）；表尾有两行：茎宽（Stem width），此处为 0.10，即茎数的实际值是显示值的 0.10 倍，每个叶表示几个观察值（Each leaf），此处为 1 个观察值（1 case（s））。有了这些说明，就可以解读茎叶图了。茎叶图内容如下所示。

身高 Stem-and-Leaf Plot for

sex = 男

Frequency	Stem &	Leaf
3.00	14 .	344
2.00	14 .	68
2.00	15 .	02
3.00	15 .	556
2.00	16 .	02

Stem width： .10

Each leaf：　　　1 case（s）

根据表尾的说明可以解读为：第一行频数为 3，茎值为 14，由茎宽为 0.10，知实际茎值为 1.4，这一行的 3 个数是：1.43、1.44、1.44，其余各行照此解读。最后，这张茎叶图给出的是一个频数分布表，如表 3-2 所示。

表3-2 频数分布表

区 间	频 数	数据值
1.40 ~ 1.44	3	1.43，1.44，1.44
1.45 ~ 1.49	2	1.46，1.48
1.50 ~ 1.54	2	1.50，1.52
1.55 ~ 1.59	3	1.55，1.55，1.56
1.60 ~ 1.65	2	1.60，1.62

（3）框图（Box Plot）

除茎叶图，Explore 默认状态还给出一个框图，如图 3-1 所示。

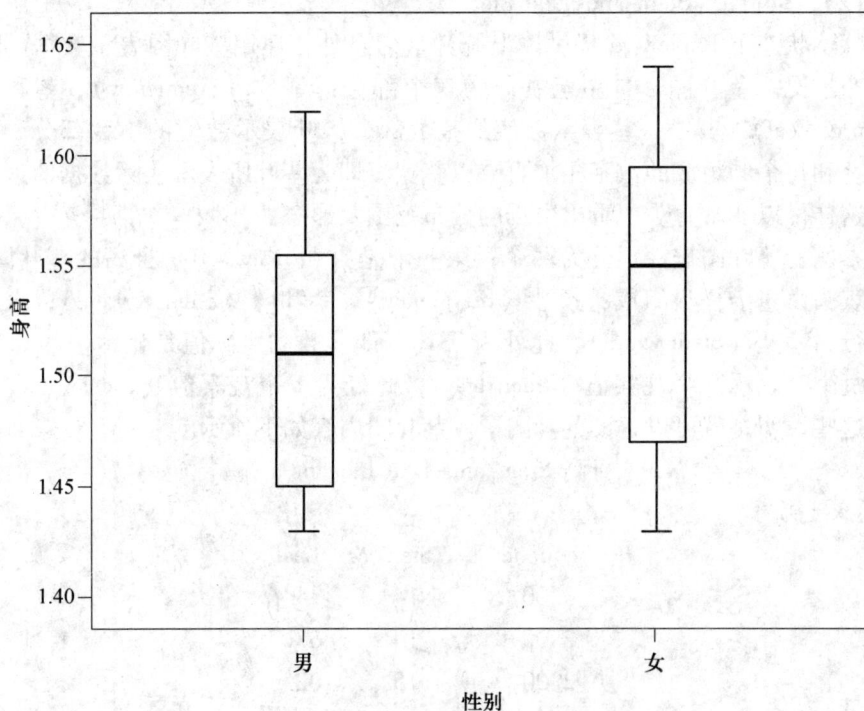

图3-1 数据考察框图

图中上横线为界内最大值，下横线为界内最小值，矩形框的两个边界为 75% 和 25% 分位点，矩形框中的粗线为中位数。由于本例的数据比较规范，框图只给出这些信息，如数据不太规范，框图可能还给出界外点及远界外点的信息。当这两类点出现时，需要引起注意，检查数据是否有误。

3.3 频数分析

频数分析是统计符合指定特征的个体发生的频数（frequency）及频率（percent），这是一种常用的统计技术。在 SPSS 中，Frequencies 过程可以实现计算描述统计量、输出频数分布表、绘制统计图等功能。

对于定性变量（采用次序测度或名义测度）的频数分析可以直接使用Frequencies过程进行统计计算并绘制图形；而对于定量变量（采用度量测度）的频数分析可以使用该过程计算，但由于变量取值太琐碎，直接生成频数分布表通常意义不大，一般需要重新编码后，以定性变量的形式生成频数分布表及绘制频率直方图。

执行 *Analyze→Descriptive Statistics→Frequencies*，在主对话框中可以进行以下设置。

1. 选择变量

在左侧的源变量框中选择一个（或多个）变量移到 Variables 框中，选中 *Display frequency tables* 复选框，要求输出频数分布表。

2. 选择要求输出的统计量

单击 *Statistics* 按钮，在打开的对话框中选择要求输出的统计量。

（1）Percentile Values（百分位数选择项）

● Quartiles：输出四分位数，即显示 25、50、75 百分位数。

● Cut points for n equal groups：输出等分点的百分位数，系统默认 10 等分，即十分位数，各有 1/10 的观察值；用户也可以在参数框中输入等分值。

● Percentiles：自定义百分位数，在参数框中输入 0 ~ 100 之间的数值，单击 *Add* 按钮。该操作可重复执行，指定输出多个百分位数。

（2）Dispersion（离散趋势）

在此栏中可以选择输出的统计量有：Std. Deviation（标准差）、Variance（方差）、Range（极差）、Minimum（最小值）、Maximum（最大值），以及 S. E. mean（均值的标准误）。

（3）Central Tendency（集中趋势）

在此栏中可以选择输出的统计量有：Mean（均值）、Median（中位数）、Mode（众数），以及 Sum（总和）。

（4）Distribution（分布参数）

在此栏中可以选择输出的统计量有：Skewness（偏度系数及其标准误）、

Kurtosis（峰度系数及其标准误）。

（5）Values are group midpoints（取组中值）

该复选框被选中后，表示在计算百分位数和中位数时，假定数据已分组，用各组的组中值代表各组数据。例如，中年职工的年龄为 36～49 岁，则该组的年龄取均值为 43 岁。

3. 设置输出图形

单击 *Charts* 按钮，在打开的对话框中设置图形的类型及坐标轴。

（1）Chart Type（选择图形类型）

- None：不输出图形，这是系统默认选项。
- Bar charts：输出条形图，用分离的条形显示每个值或分类的计数。
- Pie charts：输出圆饼图，显示各部分的分布为一个整体，图中的每块对应于变量的每个分组。
- Histograms：输出直方图，适用于连续的数值型变量，按相同的间隔比例绘制，每个条形的高度表示变量值落在该区域内的个体数。该图适用于连续的数值型变量，可以方便地显示分布的形状、中心以及离散趋势。若同时选择 With normal curve 复选框，则显示与直方图重叠的正态曲线，可以方便地判断数据是否服从正态分布。

（2）Chart Values（图形取值）

只有选择了条形图或圆饼图时，该项才有效，可以显示图形的取值情况。它有以下两个选项。

- Frequencies：输出频数。
- Percentages：输出百分比。

4. 设置频数表输出格式

单击 *Format* 按钮，在打开的对话框中设置频数表输出格式。

（1）Order by（排序方式）

- Ascending values：按变量值递增排序，系统默认选项。
- Descending values：按变量值递减排序。
- Ascending counts：按变量值计数递增排序。
- Descending counts：按变量值计数递减排序。

如果用户选择了直方图或百分位数，则频数表将按变量值递增排序，而忽视用户的设置。

（2）Multiple Variables（多变量输出表格设置）

- Compare variables：将所有变量的统计结果在一个表中显示，以便比较。这是系统默认格式。

- Organize output by variables：为每个变量的结果单独输出一个图形。

（3）Suppress tables with more than n categories（控制频数表输出的分类数）
用户可以设置最大分类数 n（系统默认 10），当频数表的分类超过 n 时，超出部分不显示。

例3.2 打开数据文件例 3-2，如表 3-3 所示。该数据文件中记录了上海市连续 99 年的年降雨量（单位：mm），调用 Frequencies 命令，在默认状态下运行。

表3-3　样本数据

No.	rain	rain_group	No.	rain	rain_group
1	1184.4	2	11	935.0	2
2	1113.4	2	12	1016.3	2
3	1203.9	2	13	1031.6	2
4	1170.7	2	14	1105.7	2
5	975.4	2	15	849.9	1
6	1462.3	3	16	1233.4	2
7	947.8	2	17	1008.6	2
8	1416.0	3	18	1063.8	2
9	709.2	1	19	1004.9	2
10	1147.5	2	20	1086.2	2
...	...	...	...	...	...

运行结果有两张表格：一个是雨量的统计量计算结果；另一个是雨量的频数分布表。由于样本中 99 个观察值都不相同，因此每个观察值出现的频数（Frequency）都是 1，频率（Percent）为 1/99，近似 1，表中为 1.0。因为没有缺失数据，有效频率（Valid Percent）和频率相同。最后，累计频率（Cumulative Percent）便是将频率依次累加的结果。

本例是由原始数据文件提供的数据直接计算频数与频率，因此结果很琐碎。适合的做法是把降雨量分为"大"、"中等"、"小"三类，确定三类的数量标准，然后统计 99 年中三类雨量出现的频数与频率。从数据可知，99 年的平均年降雨量是 1141.6mm，极端值是 709.2mm 和 1659.3mm。据此，我们以年降雨量不足 850mm 为偏小，超过 1400mm 为过大，在此中间为中等。首先要对数据文件提供的 99 个数据重新分组，按上述标准把它们分成三组（这个问题可以用 2.2 中的重新编码命令 *Recode* 解决），接着使用 *Frequencies* 命令统计这三组降雨量的频数与频率。

例 3.3 数据文件同例 3.2，利用 ***Recode*** 将雨量分为"雨量小"、"雨量中等"和"雨量大"三组，如表 3 – 3 和表 3 – 4 所示；再调用 ***Frequencies***，在 Charts 中选择 Histograms 和 With normal curve。输出结果如图 3 – 2 所示。

表 3 – 4 雨量分组

		Frequency	Percent	Valid Percent	Cumulative Percent
Valid	雨量小	9	9.1	9.1	9.1
	雨量中等	79	79.8	79.8	88.9
	雨量大	11	11.1	11.1	100.0
	Total	99	100.0	100.0	

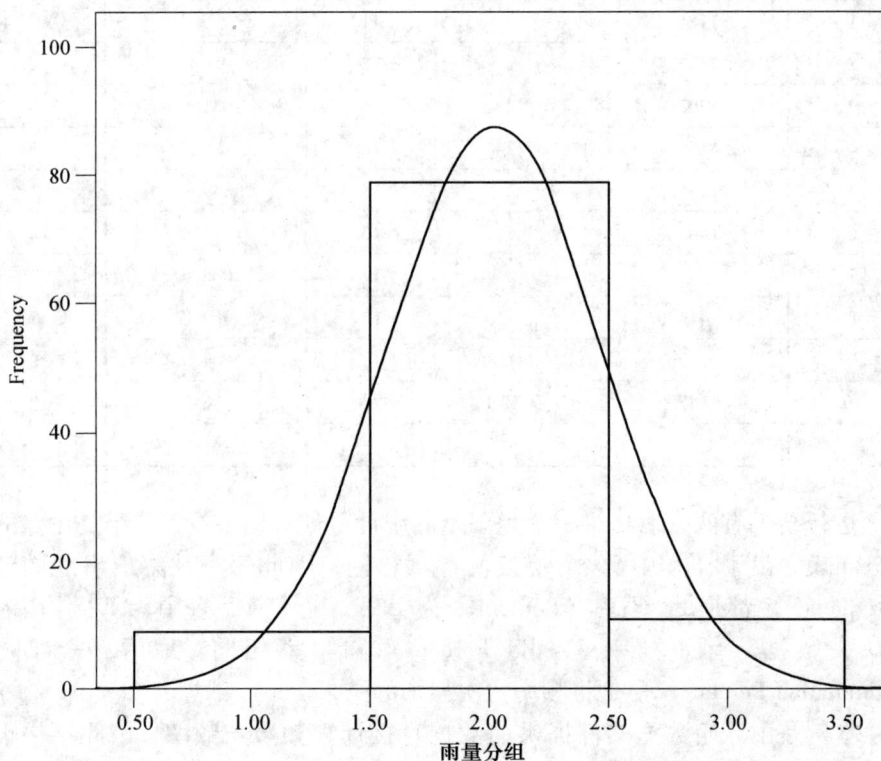

图 3 – 2 Histogram

从雨量分组的统计结果来看，上海市的 99 年中，雨量中等的年份约占 80%，雨量偏大的年份占 11%，雨量偏小的年份占 9%。从带有正态曲线的直方图可以看出，雨量分组的数据分布符合标准正态分布。

3.4 列联表与关联性分析

1. 列联表概述

我们把一些对数据进行分类的变量称为分类变量，由两个或多个分类变量交叉分类的频数分布表则称为列联表，也可以称为交叉表。例如，在一次舆论调查中，对某项行人交通违章处罚措施根据被调查对象的性别和态度分类，获得了如表 3 – 5 所示的统计表。

表 3 – 5 舆论调查统计结果

性别 \ 态度	赞成	反对	弃权
男	1154	475	243
女	1083	442	362

在列联表中，每个变量的取值数目称为水平。如表 3 – 5 中，性别变量取值有 2 个，态度变量取值有 3 个，因此，构成的列联表为 2 行 3 列，记做 2×3。在本例中，每个被调查者都根据两个标准（性别、态度）分类，性别分 2 类，态度分 3 类，一共可以划分出 2×3＝6 个不同的类，所有被调查者都被纳入其中的一个类。类似表 3 – 5 所示的列联表称为二维列联表，一般可记做 $r \times c$（r 表示行，c 表示列）。如果被调查者的分类标准不止两个，在性别、态度之外，还有年龄分类（分为老、中、青），于是本例的列联表便是一个 2×3×3 的三维列联表，一般可记做 $r \times c \times l$。类似还可以有更高维的列联表。

列联表中的每个单元可以唯一地由它所在的行和列来表示，该表通常给出在所有行变量和列变量的组合中的观察个数，除此之外，还可以在该表中构造条件百分比。这个百分比由于对比的基数不同，可以分为行百分比、列百分比和总百分比。因此，列联表由于维数的增加而使得其统计信息比单变量的频数分析的结果更为丰富。

记单元 (i, j) 的观察频数为 $n_{ij}(i=1, \cdots, r; j=1, \cdots, c)$；记第 i 行的频数合计为 $n_{i.} = \sum_{j=1}^{c} n_{ij}(i=1, \cdots, r)$；第 j 列的频数合计为 $n_{.j} = \sum_{i=1}^{r} n_{ij}(j=1, \cdots, c)$；则总观察次数为 $n = \sum_{i=1}^{r} n_{i.} = \sum_{j=1}^{c} n_{.j} = \sum_{r=1}^{r} \sum_{j=1}^{c} n_{ij}$。

列联表不仅能把分散的统计数据按一定的分类标准归总，同时，还能够检验表中的行、列变量是否具有独立性，即变量的无关联性检验。用统计的术语来说，提出的原假设 H_0 是行变量与列变量无关联性。

以二维列联表 $r \times c$ 为例，设行、列变量分别为 A 和 B，则 A 有 r 个等级 $A_1, \cdots, A_r$，B 有 c 个等级 $B_1, \cdots, B_c$，若以 $p_i.$、$p_{.j}$ 和 p_{ij} 分别表示总体中的个体属于等级 A_i、属于等级 B_j 和同时属于 A_i 和 B_j 的概率，则"行变量与列变量无关联性"的假设可以表述为：

$$H_0 : p_{ij} = p_i. p_{.j} \qquad (i = 1, \cdots, r; j = 1, \cdots, c)$$

未知参数 p_{ij}、$p_i.$ 和 $p_{.j}$ 的最大似然估计分别为 $\hat{p}_{ij} = \dfrac{n_{ij}}{n}$、$\hat{p}_i. = \dfrac{n_i.}{n}$ 和 $\hat{p}_{.j} = \dfrac{n_{.j}}{n}$。

因此，在原假设成立时，应近似有：

$$\hat{p}_{ij} = \hat{p}_i. \hat{p}_{.j} \qquad (i = 1, \cdots, r; j = 1, \cdots, c)$$

亦即

$$n_{ij} = \frac{n_i. n_{.j}}{n} \qquad (i = 1, \cdots, r; j = 1, \cdots, c)$$

当 n 足够大时，可取卡方统计量

$$Q = \sum_{i=1}^{r} \sum_{j=1}^{c} \frac{(n_{ij} - n_i. n_{.j}/n)^2}{n_i. n_{.j}/n} \sim \chi^2((r-1)(c-1))$$

据此对 H_0 做检验：若 Q 值足够大，就拒绝 H_0，即认为行、列变量有关联。

2. Crosstabs 过程

在 SPSS 软件中，可以通过执行 *Analyze→Descriptive Statistics→Crosstabs*，建立列联表以及进行关联性分析。下面通过例 3.4 来说明使用 Crosstabs 过程进行列联分析的方法。

例 3.4 打开数据文件例 3-4，表 3-6 所示为其中的部分数据。该数据文件中记录了某公司所有职工的数据信息，调用 Crosstabs，在对话框中按下列步骤设置。

表 3-6 样本数据

id	gender	educ	jobcat	salary	salbegin	jobtime	prevexp	age
1	男	15	经理	57000	27000	98	144	47.00
2	男	16	办事员	40200	18750	98	36	41.00
3	女	12	办事员	21450	12000	98	381	70.00
4	女	8	办事员	21900	13200	98	190	52.00
5	男	15	办事员	45000	21000	98	138	44.00
6	男	15	办事员	32100	13500	98	67	41.00
7	男	15	办事员	36000	18750	98	114	43.00
8	女	12	办事员	21900	9750	98	0	33.00
9	女	15	办事员	27900	12750	98	115	53.00
10	女	12	办事员	24000	13500	98	244	53.00
...	...	...	...	...	...	...	...	...

（1）设置分析变量

将性别变量选入 Rows 行变量框中；将职务变量选入 Columns 列变量框中。

（2）输出条形图和频数分布表

选中 *Display clustered bar charts* 复选框，输出聚集的条形图。

（3）选择统计量

单击 *Statistics* 按钮，弹出统计分析对话框，选择输出的统计量。选中 *Chi-Square* 复选框，输出皮尔逊卡方检验（Pearson）、似然比卡方检验（Likelihood-ratio）的结果。

（4）设置列联表的显示内容

单击 *Cells* 按钮，弹出列联表显示内容对话框。选择观察频数 *Observed*；选择占本行的百分比 Row；选择占本列的百分比 Column；选择占全部的百分比 Total。

设置完成后，在列联表分析对话框中，单击 *OK* 按钮，计算结果输出在结果窗口中，如表 3-7、表 3-8 和图 3-3 所示。

表 3-7　性别—职务 Crosstabulation

			职务			Total
			办事员	管理员	经理	
性别	女	Count	206	0	10	216
		% within 性别	95.4%	.0%	4.6%	100.0%
		% within 职务	56.7%	.0%	11.9%	45.6%
		% of Total	43.5%	.0%	2.1%	45.6%
	男	Count	157	27	74	258
		% within 性别	60.9%	10.5%	28.7%	100.0%
		% within 职务	43.3%	100.0%	88.1%	54.4%
		% of Total	33.1%	5.7%	15.6%	54.4%
Total		Count	363	27	84	474
		% within 性别	76.6%	5.7%	17.7%	100.0%
		% within 职务	100.0%	100.0%	100.0%	100.0%
		% of Total	76.6%	5.7%	17.7%	100.0%

表 3-8　Chi-Square Tests

	Value	df	Asymp. Sig. (2-sided)
Pearson Chi-Square	79.277	2	.000
Likelihood Ratio	95.463	2	.000
N of Valid Cases	474		

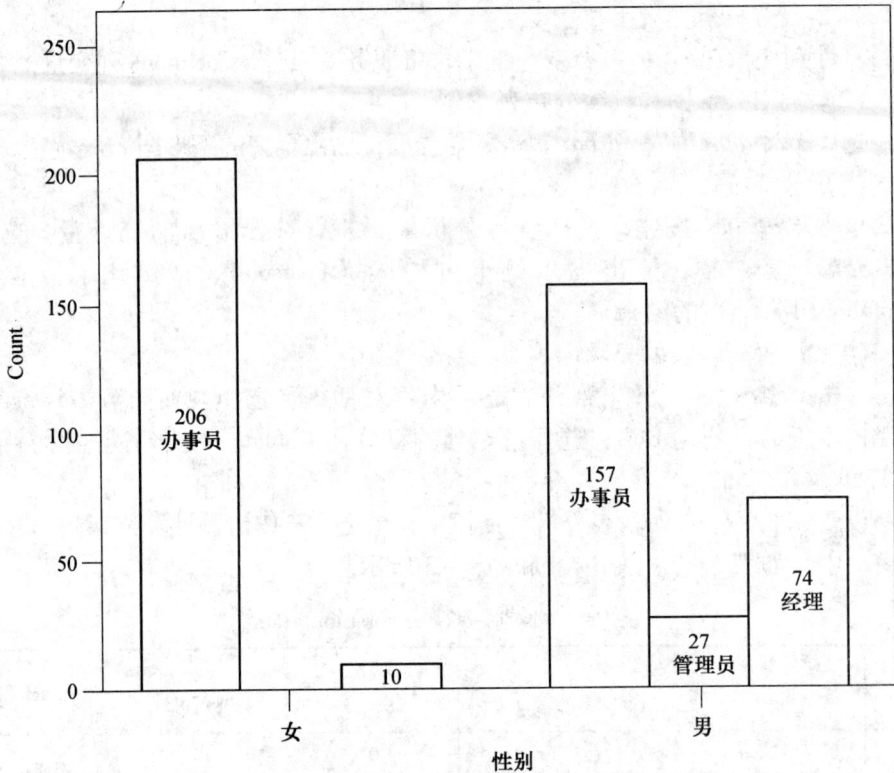

图 3 - 3 Bar Chart

结果分析。"性别—职务 Crosstabulation"是各个变量不同分组之间的频数分布表。以性别为"女"、职务为"办事员"为例，由频数表可知，本公司共有 206 名女办事员，占全体女职工（216 人）的 95.4%，占全体办事员（363人）的 56.7%，占全体职工（474 人）的 43.5%。其他分组的情况可以依此解读。"Chi-Square Tests"是卡方检验结果，表中从左到右为：检验统计量值（Value）、自由度（df）、双侧近似概率（Asymp. Sig. 2-sided）。卡方值为79.277，概率为 0.000。由于皮尔逊卡方检验的显著性概率为 0.000，该值小于 0.05，有理由拒绝两个变量相互独立的原假设，即在该公司性别与职务之间有一定关系。从"Bar Chart"条形图可以看出，女性职工在"经理"职务上的人数明显低于男性职工。

3.5 均值综述

平均数分析（Means）可以计算指定因变量的综合统计量。产生的统计量有表示集中趋势的均值、中位数等，有表示分散程度的方差、标准差等，还有表示分布形状特征的偏度、峰度（各种描述统计量的定义见3.1）。当观测量按照指定的分类变量分组时，Means 过程可以分组计算，其优势在于各组的描述指标被放在一起便于相互比较，并且可以直接输出比较结果，无须再次调用其他过程。

执行 *Analyze→Compare Means→Means*，即可调用 Means 过程。使用系统默认设置即可按照指定分组给出指定变量的均值、标准差和观测频数等基本描述统计量，增加选择项可以使计算结果更加丰富。下面通过例3.5来说明使用Means 进行平均数分析的方法。

例3.5 打开数据文件例3－1，文件中记录了27个儿童的身高及体重测量值。使用 Means 过程比较不同性别、不同年龄的儿童平均身高。

进行平均数分析的数据文件要求至少有一个连续变量（如本例的**身高**、**体重**），还要有一个分类变量（如本例的**性别**、**年龄**）。对连续变量，Means 过程将计算其描述统计量，而分类变量用于对观测量进行分组。在打开的 Means 对话框中按下列步骤设置。

1. 选择因变量

在左边的变量列表中选择一个或多个要分析的变量作为因变量（如**身高**），移到 Dependent List 框中。

2. 选择自变量

这里的自变量就是分组变量，可以选择一个或多个自变量放在第一层，也可以放在不同的层，操作略有不同。下面以两个分组变量为例说明。

（1）将两个分组变量放在第一层

在左边的变量列表中选择一个分类变量（如**性别**），移到 Independent List 框中，此时层控制显示 Layer 1 of 1，表示变量被送入第一层；接着选择第二个分类变量（如**年龄**），移到 Independent List 框中，此时层控制仍显示 Layer 1 of 1，说明两个变量共建立了一个控制层。

在本例中，由于**性别**变量有男、女两个水平，**年龄**变量有 10～13 岁共 4 个水平，则程序的运行结果是分别给出两个变量各水平的因变量统计结果，如表3－9和表3－10所示。

表3－9 身高—性别

	性别	Mean	N	Std. Deviation
身高	男	1.5125	12	.06440
	女	1.5367	15	.07355
	Total	1.5259	27	.06941

表 3 -10　身高—年龄

	年龄	Mean	N	Std. Deviation
身高	10	1.4488	8	.02167
	11	1.5209	11	.03910
	12	1.6129	7	.01704
	13	1.5900	1	.
	Total	1.5259	27	.06941

（2）将两个分组变量分别放在两个不同层

首先在变量表中选择一个分类变量（如**性别**），移到 Independent List 框中，此时层控制显示 Layer 1 of 1，*Next* 按钮处于可用状态；单击 *Next* 按钮，此时层控制显示 Layer 2 of 2，表示可以建立第二层；在变量表中选择第二个分类变量（如**年龄**），移到第二层中；此时，*Previous*，*Next* 按钮均处于可用状态，表示可以通过单击 *Previous* 按钮向前回到第一层，也可以通过单击 *Next* 按钮建立第三层。

在本例中，由于**性别**和**年龄**变量的水平数分别有 2 个和 4 个，两个变量分别控制第一层和第二层，它们将因变量分为 2×4 组，每个组合是一个单元，程序按单元给出因变量的统计量，如表 3 -11 所示。

表 3 -11　**Report**

性别	年龄	身高		
		Mean	N	Std. Deviation
男	10	1.4500	5	.02000
	11	1.5360	5	.02510
	12	1.6100	2	.01414
	Total	1.5125	12	.06440
女	10	1.4467	3	.02887
	11	1.5083	6	.04622
	12	1.6140	5	.01949
	13	1.5900	1	.
	Total	1.5367	15	.07355
Total	10	1.4488	8	.02167
	11	1.5209	11	.03910
	12	1.6129	7	.01704
	13	1.5900	1	.
	Total	1.5259	27	.06941

从例 3.5 的计算结果可知，Means 过程的优势在于各组的描述指标被放在一起便于相互比较，可以直接输出比较结果，无须再次调用其他过程。

3. Means 过程的选择项

在主对话框中单击 *Options* 按钮，打开平均数分析的选项对话框，可以选择需要计算的统计量。

（1）统计量列表

左侧的 Statistics 栏中列出了备选统计量，内容如下。

- Mean：平均数；
- Number of Cases：观察值个数；
- Standard Deviation：标准差；
- Median：中位数；
- Grouped Median：分组中位数；
- Std. Error of Mean：均数的标准误；
- Sum：总和；
- Minimum：最小值；
- Maximum：最大值；
- Range：极差；
- First：数据文件中的第一个值；
- Last：数据文件中的最后一个值；
- Variance：方差；
- Kurtosis：峰度系数；
- Std. Error of Kurtosis：峰度系数的标准误；
- Skewness：偏度系数；
- Std. Error of Skewness：偏度系数的标准误；
- Harmonic Mean：调和均数；
- Geometric Mean：几何均数；
- Percent of Total Sum：每组总和占总体总和的百分比；
- Percent of Total N：每组样本数占总体样本数的百分比。

（2）单元格统计量

右侧的 Cell Statistics 栏中显示被选择计算的统计量。在默认状态下，输出结果只有均值（Mean）、样本数（N）和标准差（Std. Deviation）三种统计量，用户可以从左侧列表中选择其他统计量。

（3）第一层的统计量

在 Statistics for First Layer 栏下有两个复选框，可以对第一层每个控制变量进行分析。

- ANOVA table and eta：单因素方差分析表与 η 值。选中该项，则对第一层控制变量给出单因素方差分析结果，并计算用于度量变量相关程度的统计量 η 和 η^2。有关单因素方差分析的内容详见第 4 章。

- Test for linearity：线性检验。选中该项，则产生线性与非线性成分的平方和、均方、F 检验、R、R^2 等统计量。

习　　题

1. 数据文件：《公司职工》

（1）按照以下标准，给指定的变量观察值分组：

①变量：educ（受教育年限）

中学：educ ≤ 12；大学：12 < educ ≤ 16；研究生：educ > 17。

②变量：age（年龄）

青年：age < 40；中年：40 ≤ age < 60；老年：age ≥ 60。

③变量：salary（当前薪金）

低收入：salary ≤ 20000；中收入：20000 < salary ≤ 40000；高收入：salary > 40000。

（2）统计老、中、青年各组的人数及占全体职工的比率。

（3）统计不同性别的职工中，高、中、低收入的人数，及占全体职工人数的比率。

（4）在不同的受教育组中，按性别（gender）统计的不同职务（jobcat）的人数及占全体职工人数的比率。

（5）同（3），但还要统计每一组的平均当前薪金（salary）、最大当前薪金和最小当前薪金。

2. 数据文件：《学生考试成绩》

（1）按以下要求，将成绩 score 分为五等：

优：score ≥ 90；良：80 ≤ score < 90；中：70 ≤ score < 80；及格：60 ≤ score < 70；不及格：score < 60。

（2）按照以上五个等级，统计每一个等级的人数及占总体的比率：

①总体取全体参加考试的学生；

②总体取每一个班级；

③总体取男生及女生。

（3）求全体参加考试学生的总平均成绩、每一班的平均成绩以及男、女生的平均成绩。

（4）全体学生成绩的中位数是多少？男、女生成绩的中位数分别是多少？成绩在 60 分（含）以上的学生占全体学生的比率是多少？80% 的学生成绩不低于多少分？每一班的最高分与最低分分别是多少？

（5）在每一个班级中，分男、女生统计不同成绩等级的学生人数及每一等级的平均分、最高分与最低分。

第4章 正态总体参数的假设检验

正态总体参数的假设检验针对的是正态分布的期望和方差。在一元正态分布参数的假设检验中包括有单总体均值、两总体均值和成对样本均值等几种情况，也包括单因素方差分析。这些假设检验的内容和方法不仅仅可独立地使用，也可作为回归分析、判别分析和因子分析等的辅助分析工具。

4.1　单总体均值的检验

1. 统计背景

单总体均值的检验是处理一个正态总体在方差未知时总体均值与某一已知数是否有显著性差异的假设检验。

设总体 $X \sim N(\mu, \sigma^2)$，$x_1, \cdots, x_n$ 是它的一个容量为 n 的样本，总体的期望 μ 和方差 σ^2 未知。现以显著性水平 α 检验假设：

$$H_0: \mu = \mu_0 \qquad H_1: \mu \neq \mu_0$$

假设中的 μ_0 是一个已知常数。该检验的统计量是

$$T = \frac{\overline{X} - \mu_0}{S/\sqrt{n}} \sim t(n-1) \tag{4.1}$$

当原假设 H_0 为真时，检验统计量 $T \sim t(n-1)$，检验临界值 λ_0 由 $P(|T| > \lambda_0) = \alpha$ 决定。临界值确定后，只需要计算样本统计量 T 的值 t。于是：若 $|t| < \lambda_0$，则认为 H_0 显著；否则便认为 H_0 不显著。

以上的假设检验过程还可以从另一个角度来看（见第 1 章）。若计算出样本的显著性概率 $P(|T| > |t|) = \alpha_0$，当 $\alpha_0 > \alpha$，即为 $|t| < \lambda_0$，则可认为 H_0 显著；否则认为 H_0 不显著。

2. 单总体均值检验过程

在 SPSS 软件中，可以通过执行 **Analyze→Compare Means→One-Sample T Test**，调用单总体均值检验过程。下面通过例 4.1 来说明使用 One-Sample T Test 过程进行单总体均值检验的方法。

例 4.1 打开数据文件例 4 – 1，该数据文件中记录了上海市连续 99 年的年降雨量（单位：mm），调用 *One-Sample T Test*，在对话框中按下列步骤设置。

在左侧源变量框中选择检验变量移入 Test Variable（s）框内，并在 Test Value 框内输入检验值。本例选择的检验变量为*雨量*，检验值为 1160，即检验上海市连续 99 年的年均降雨量是否为 1160mm。

单击 *Options* 按钮，在对话框中可以确定置信区间和缺失值处理方法。Confidence Interval：显示平均数与假设检验值差值的置信区间，系统默认值为 95%，可以在框内输入 1～99 的数值作为置信度。Missing Values：当有多个检验变量并且数据中有缺失值时，可以选择缺失值的处理方法。

本例不必设置上述选项，采用系统默认值即可。在主对话框单击 *OK* 按钮，运算结果如下。

表 4 – 1 所示为有关雨量的基本描述统计量，包括样本数、均值、标准差和均值标准误。由结果可知，样本均值 1141.555 与检验均值 1160 相比，样本均值略低，差值为 – 18.4455。表 4 – 2 所示为单总体均值 t 检验的分析结果，包括 t 值、自由度、双侧 t 检验的显著性概率 α_0、均值差值以及差值的 95% 置信区间。如果取检验的显著性水平为 $\alpha = 0.05$，由于显著性概率 $0.355 > 0.05$，应接受原假设，认为样本均值与总体均值无显著差异，接受上海市年降雨量的总体平均值是 1160mm 的假设。在本例中，样本均值略低于总体均值，误差来源可能是抽样误差，也可能是测量误差。

表 4 – 1   One-Sample Statistics

	N	Mean	Std. Deviation	Std. Error Mean
雨　量	99	1141.555	197.5011	19.8496

表 4 – 2   One-Sample Test

	Test Value = 1160					
	t	df	Sig. (2-tailed)	Mean Difference	95% Confidence Interval of the Difference	
					Lower	Upper
雨　量	– .929	98	.355	– 18.4455	– 57.836	20.945

4.2   两总体均值的检验

本节将考虑两个正态总体的参数假设检验。与上一节中单正态总体的参数假设检验不同的是，这里所关心的不是逐一对每个参数的值做假设检验，而是着重考虑两个总体之间的差异，即两个总体的均值或方差是否相等。

1. 统计背景

设有两个独立的正态总体 $X \sim N(\mu_1, \sigma_1^2)$，$Y \sim N(\mu_2, \sigma_2^2)$，总体 X 的一个容量为 m 的样本是 $x_1, \cdots, x_m$，总体 Y 的一个容量为 n 的样本是 $y_1, \cdots, y_n$。记 $\bar{x}$ 与 $\bar{y}$ 分别为相应的样本均值，S_1^2 与 S_2^2 分别为相应的样本方差。两个相互独立总体均值相等的 t 检验分两种情况。

（1）方差相等（Equal variances assumed）

方差相等，但未知，即：$\sigma_1^2 = \sigma_2^2 = \sigma^2$；而假设检验为

$$H_0: \mu_1 = \mu_2 \qquad H_1: \mu_1 \neq \mu_2$$

当 H_0 为真时，检验统计量为

$$T = \frac{\bar{X} - \bar{Y}}{S_w \sqrt{1/m + 1/n}} \sim t(m + n - 2) \qquad (4.2)$$

其中

$$S_w = \sqrt{\frac{(m-1)s_1^2 + (n-1)s_2^2}{m + n - 2}}$$

当 H_0 成立时，$|T|$ 不应太大；当 H_1 成立时，$|T|$ 有偏大的趋势，故拒绝域形式为

$$|T| = \left| \frac{\bar{X} - \bar{Y}}{S_w \sqrt{1/m + 1/n}} \right| \geq \lambda_0$$

对于给定的显著性水平 α，查分布表得 $\lambda_0 = t_{\alpha/2}(m + n - 2)$，使

$$P\{|T| \geq t_{\alpha/2}(n_1 + n_2 - 2)\} = \alpha$$

由此即得拒绝域为

$$|T| = \left| \frac{\bar{X} - \bar{Y}}{S_w \sqrt{1/m + 1/n}} \right| \geq t_{\alpha/2}(n_1 + n_2 - 2)$$

根据抽样后得到的样本观察值 $x_1, \cdots, x_m$ 和 $y_1, \cdots, y_n$ 计算出 T 的观察值 t，若 $|t| \geq t_{\alpha/2}(m + n - 2)$，则拒绝原假设 H_0，否则接受原假设 H_0。

（2）方差不相等（Equal variances not assumed）

方差不等时，即：$\sigma_1^2 \neq \sigma_2^2$；假设检验为

$$H_0: \mu_1 = \mu_2 \qquad H_1: \mu_1 \neq \mu_2$$

当 H_0 为真时，检验统计量为

$$T = \frac{\bar{X} - \bar{Y}}{\sqrt{S_1^2/m + S_2^2/n}} \sim t(df) \qquad (4.3)$$

其中

$$df = \frac{\left(\dfrac{S_1^2}{m} + \dfrac{S_2^2}{n}\right)^2}{\dfrac{S_1^4}{m^2(n-1)} + \dfrac{S_2^4}{n^2(n-1)}}$$

拒绝域为

$$|T| = \left|\frac{\overline{X} - \overline{Y}}{\sqrt{S_1^2/m + S_2^2/n}}\right| > t_{\alpha/2}(df)$$

根据抽样后得到的样本观察值 x_1，…，x_m 和 y_1，…，y_n 计算出 T 的观察值 t，若 $|t| \geq t_{\alpha/2}(df)$，则拒绝原假设 H_0，否则接受原假设 H_0。

虽然在两种情况下使用的都是 t 检验法，但计算 T 值的公式不同，结果也有所不同，因此应该先对方差进行齐性检验。利用 SPSS 软件进行两总体均值相等与否检验的同时，也要做方差相等与否的检验。在结果中，系统给出方差齐与不齐两种计算结果的 T 值和 t 检验的显著性概率，用户需要根据 F 检验的结果判断并选择 t 检验输出的结果，得出最后的结论。

（3）两总体方差相等的假设检验

假设检验

$$H_0: \sigma_1^2 = \sigma_2^2 \qquad H_1: \sigma_1^2 \neq \sigma_2^2$$

当 H_0 为真时，检验统计量为

$$F = S_1^2/S_2^2 \sim F(m-1, n-1) \tag{4.4}$$

故选取 F 作为检验统计量，相应的检验法称为 F 检验法。

由于 S_1^2 与 S_2^2 是 σ_1^2 与 σ_2^2 的无偏估计量，当 H_0 成立时，F 的取值应集中在 1 的附近；当 H_1 成立时，F 的取值有偏小或偏大的趋势。故拒绝域形式为：$F \leq \lambda_1$ 或 $F \geq \lambda_2$。

对于给定的显著性水平 α，查 F 分布表得

$$\lambda_1 = F_{1-\alpha/2}(m-1, n-1)$$
$$\lambda_2 = F_{\alpha/2}(m-1, n-1)$$

使 $P\{F \leq F_{1-\alpha/2}(m-1, n-1)\} = \dfrac{\alpha}{2}$ 或 $P\{F \geq F_{\alpha/2}(m-1, n-1)\} = \dfrac{\alpha}{2}$。由此即得拒绝域为 $F \leq F_{1-\alpha/2}(m-1, n-1)$ 或 $F \geq F_{\alpha/2}(m-1, n-1)$。

根据抽样后得到的样本观察值 x_1，…，x_m 和 y_1，…，y_n 计算出 F 的观察值，若上式成立，则拒绝原假设 H_0，否则接受原假设 H_0。

2. 两总体均值检验的过程

在 SPSS 软件中，可以通过执行 *Analyze→Compare Means→Independent-Samples T Test*，调用独立样本 t 检验过程。执行该过程，系统将显示：每个检验变量的基本统计量（均值、标准差、标准误、样本数）；检验两样本是否来

自相等的 Levene 检验结果；假定方差齐性时，两样本均数是否来自同一总体均数的 t 检验结果；假定方差不齐时，两样本均数是否来自同一总体均数的 t 检验结果；差值的均值、标准差、标准误以及置信区间。

下面通过例 4.2 来说明使用过程进行 *Independent-Samples T Test* 两总体均值检验的方法。

例 4.2 打开数据文件例 4-2，该数据文件中记录了某公司所有职工的数据信息，调用 Independent Samples T Test 过程，在对话框中按下列步骤设置。

在左侧的源变量框中选择一个或多个要进行检验的变量，送入 Test Variables 框，本例选择*当前薪金*变量。

在源变量中选择一个分组变量，送入 Grouping Variable 框，接着应单击 ***Define Groups*** 按钮，展开对话框确定分组。

● 当选定的分组变量只有两个值（如*性别*），即按分组变量的值进行分组，在两个 Group 框中输入作为第一组和第二组的分组变量值。

● 当选定的分组变量有多个值（如*职务*），选择 Use specified values 选项，在两个 Group 框中指定两个特定值，则系统只对具有这两个值的因变量均值进行比较。

● 当选定的分组变量是连续变量（如*年龄*），选择 Cut point 选项，在文本框内输入数值，系统将样本按照分组变量值大于等于该值和小于该值分成两组，对这两组的因变量均值进行比较。

本例选择*性别*变量，在 Define Groups 对话框中输入 m 和 f。

运行结果有两张表格：表 4-3 所示为分析变量的简单描述统计量；表 4-4 所示为独立样本 t 检验的结果。

表 4-3 的第一列是分析变量和分类变量的标签，N 是各组观测量数目，男 258 人，女 216 人；Mean 是各组观测量的分析变量均值，本例中男职工平均工资 41441.78，女职工平均工资 26031.92；Std. Deviation 分组给出分析变量的标准差；Std. Error 是各组均值的标准误。

表 4-3　Group Statistics

性　　别		N	Mean	Std. Deviation	Std. Error Mean
当前薪金	男	258	41441.78	19499.214	1213.968
	女	216	26031.92	7558.021	514.258

表 4-4 的左侧给出方差齐性检验结果，F 值为 119.669，显著性概率为 0.000，因此可认定两总体方差的差异显著。在下面的 t 检验结果中应选择 Equal Variances not assumed，即假设方差不相等这一行的数据作为本例的 t 检

验结果，本例的 t 值为 11.688，双侧 t 检验的概率为 0.000，小于 0.05，应拒绝 "男女职工工资大体相同" 的原假设，可以认定男女职工的工资具有显著性差异。Mean Difference 给出两组均值之差，即女职工的平均工资比男职工低 15409.862 元。Std. Error Difference 是差值的标准误，95% Confidence interval of the Difference 是差值的95%置信区间，12816.728～18002.996。

表4-4 **Independent Samples Test**

		Levene's Test for Equality of Variances		t-test for Equality of Means					95% Confidence Interval of the Difference	
		F	Sig.	t	df	Sig. (2-tailed)	Mean Difference	Std. Error Difference	Lower	Upper
当前薪金	Equal variance assumed	119.669	.000	10.945	472	.000	15409.862	1407.906	12643.322	18176.401
	Equal variance not assumed			11.688	344.262	.000	15409.862	1318.400	12816.728	18002.996

4.3 成对样本均值的检验

1. 统计背景

成对样本指的是每个个体包含成对观测量的值，它可以是同一样本的某个变量先后进行两次实验后所得的两组数据，例如每个人锻炼前后的脉搏数；也可以是对两个完全相同的样本在不同条件下进行实验所得的两组数据，例如两种材料的轮胎在使用一段时间后的磨损程度。我们可以把这两组数据看做是来自于两个总体的两个样本，由于被比较的两个样本有成对关系，成对样本均值的检验实际上是先求出每对观察值的差值，再对差值求均值，检验差值均值与零均值之间是否存在显著性差异。如果差值均值与零均值之间无显著性差异，则说明成对变量均值之间无显著性差异。

对于两个总体 X 和 Y，记新总体 $Z = X - Y$，记 $E(Z) = \mu$。因而对样本观察值 $(x_i, y_i)(i = 1, \cdots, n)$，记 $z_i = x_i - y_i(i = 1, \cdots, n)$。成对样本均值检验的原假设和备择假设如下

$$H_0: \mu = 0 \qquad H_1: \mu \neq 0$$

检验 μ 是否为 0 的统计量是：

$$T = \frac{\sqrt{n}\bar{Z}}{S} \sim t(n-1) \tag{4.5}$$

当原假设为真时，统计量 T 服从 $t(n-1)$ 分布，并由 $P(|T| > \lambda_0) = \alpha$ 确定检验临界域。在使用 SPSS 计算并检验时，只要双侧显著性概率 Sig（即显著性概率值）< 0.05，就可以拒绝 H_0，即认为均值检验有显著性差异。

2. 成对样本均值检验的过程

在 SPSS 软件中，执行 **Analyze→Compare Means→Paired-Samples T Test**，调用成对样本 T 检验过程，产生的统计量包括每个变量的均值、样本数、标准差，配对变量的相关系数、差值均值、t 检验结果、差值均值的置信区间等。下面通过例 4.3 来说明使用过程进行成对样本均值检验的方法。

例 4.3 打开数据文件例 4-3，该数据文件中记录了 15 个人锻炼前后的脉搏数，分别用变量 *before* 和 *after* 表示。试检验：通过锻炼，脉搏数有无显著性变化。

调用 Paired-Samples T Test 过程，在对话框中按下列步骤设置。

在对话框左侧的变量列表中选择配对变量送入右侧的 Paired Variables 中作为确定分析变量，本例为 before-after，如果有多个成对变量，可以重复选择。

在主对话框单击 **OK** 按钮，运算结果包含三张表，见表 4-5 ~ 表 4-7。表 4-5 所示为成对样本的统计量，即锻炼前和锻炼后脉搏数的统计结果，包括均值、样本数、标准差和均值的标准误。

表 4-5　Paired Samples Statistics

		Mean	N	Std. Deviation	Std. Error Mean
Pair 1	锻炼前脉搏	63.87	15	6.621	1.710
	锻炼后脉搏	53.27	15	5.873	1.516

表 4-6 所示为锻炼前后脉搏数的相关系数，本例为 -0.221，不相关的概率为 0.428，即相对于锻炼前后脉搏数相关系数为 0 的假设成立的概率为 42.8%，大于 5%，可以认为锻炼前后的脉搏数没有明显的线性关系。

表 4-6　Paired Samples Correlations

		N	Correlation	Sig.
Pair 1	锻炼前脉搏 & 锻炼后脉搏	15	-.221	.428

表 4-7 所示为成对变量差值的 t 检验结果。Mean 是两个变量均值之间的差值、Std. Deviation 是差值的标准差，Std. Error Mean 是差值的均值标准误，

95% Confidence Interval of the Difference 是差值的95%置信区间，本例的上限为5.187，下限为16.013，注意两个值均为正值。t 是 t 检验的结果，df 为自由度，Sig 为双侧 t 检验的显著性概率，本例为0.001，小于0.05，可以认为经过锻炼脉搏数有明显变化。

表 4-7 Paired Samples Test

		Paired Differences					t	df	Sig. (2-tailed)
		Mean	Std. Deviation	Std. Error Mean	95% Confidence Interval of the Difference		t	df	Sig. (2-tailed)
					Lower	Upper			
Pair 1	锻炼前脉搏-锻炼后脉搏	10.600	9.775	2.524	5.187	16.013	4.200	14	.001

4.4 单因素方差分析

1. 统计背景

方差分析又称为 ANOVA（Analysis of Variance）分析，单因素方差分析（One-Way ANOVA）也称为一维方差分析，它用于检验多个独立正态总体均值有无显著差异，多用于判断同一个实验，在不同的条件下，结果有无显著不同。

所要检验的对象称为因素，因素的具体表现称为水平，因素的每个水平可以看做一个总体，在每个因素水平下得到的样本值即为观察值。

方差分析的基本思路是以样本数据的总变差（总离差平方和）为出发点，把其分解为由不同水平引起的变差（组间平方和）和由其他随机因素引起的"误差"变差（组内平方和）两部分。若各水平之间无显著差异的话，则总变差应主要由误差变差引起。换一种说法，在总变差一定的情况下，若组间平方和相对于组内平方和比较小，则应认为不同水平的实验没有显著差异；否则相反。

设实验有 k 个水平，则单因素方差分析的假设检验为

$$H_0: \mu_1 = \mu_2 = K = \mu_k$$

即因素的不同水平对试验结果无显著影响。

设水平 i 有 n_i 个样本观察值 $x_{ij}(i=1,\cdots,k; j=1,\cdots,n_i)$，$n = \sum_{i=1}^{k} n_i$。记各组平均值和总平均值为

$$\bar{x}_i = \frac{1}{n_i} \sum_{j=1}^{n_i} x_{ij}(i = 1,\cdots,k)$$

$$\bar{x} = \frac{1}{n} \sum_{i=1}^{k} \sum_{j=1}^{n_i} x_{ij}$$

定义总离差平方和为

$$SST = \sum_{i=1}^{k} \sum_{j=1}^{n_i} (x_{ij} - \bar{x})^2$$

由平方和分解公式

$$\sum_{i=1}^{k} \sum_{j=1}^{n_i} (x_{ij} - \bar{x})^2$$

$$= \sum_{i=1}^{k} \sum_{j=1}^{n_i} (x_{ij} - \bar{x}_i + \bar{x}_i - \bar{x})^2$$

$$= \sum_{i=1}^{k} \sum_{j=1}^{n_i} (x_{ij} - \bar{x}_i)^2 + \sum_{i=1}^{k} n_i (\bar{x}_i - \bar{x})^2$$

且记组内平方和、组间平方和分别为

$$SSW = \sum_{i=1}^{k} \sum_{j=1}^{n_i} (x_{ij} - \bar{x}_i)^2$$

$$SSB = \sum_{i=1}^{k} n_i (\bar{x}_i - \bar{x})^2$$

于是

$$SST = SSW + SSB \qquad (4.6)$$

即总离差平方和分解为组内平方和以及组间平方和之和。对应于 SST、SSB 和 SSW 的自由度分别为：$n-1$、$k-1$、$n-k$；相应的自由度之间的关系也有：$n-1 = (k-1) + (n-k)$。构造统计量

$$F = \frac{SSB}{k-1} \bigg/ \frac{SSW}{n-k} \sim F(k-1, n-k) \qquad (4.7)$$

根据方差分析的思想，当原假设成立时，F 值应较小；反之，F 值应较大。对于给定的显著性水平 α，查 F 分布表得临界值 $F_{1-\alpha}(k-1, n-k)$。若 $F > F_{1-\alpha}(k-1, n-k)$，则拒绝原假设，即认为 k 个组的总体均值之间有显著的差异；若 $F < F_{1-\alpha}(k-1, n-k)$，则接受原假设，即认为 k 个组的总体均值之间没有显著差异。

通过 SPSS 软件计算结果的分析将大大简化上述过程，只需考虑结果中显著性概率 Sig，若 Sig $< \alpha$（α 取 0.05 或 0.01），则在显著性水平 α 下拒绝原假设。以上检验过程可以在表 4-8 中体现出来。

表 4-8　方差分析表（ANOVA）

方差来源	离差平方和	自由度	均方差	检验统计量 F	Sig.
组间平方和	SSB	$k-1$	$SSB/k-1$	$\dfrac{SSB}{k-1} \bigg/ \dfrac{SSW}{n-k}$	
组内平方和	SSW	$n-k$	$SSW/n-k$		
总变差	SST	$n-1$			

2. 单因素方差分析过程

在 SPSS 软件中，执行 ***Analyze→Compare Means→One-Way ANOVA***，调用单因素方差分析过程。下面通过例4.4来说明使用过程进行单因素方差分析的方法。

例4.4 打开数据文件例4-2，该数据文件中记录了某公司所有职工的数据信息。试检验：3种不同职务的人员年龄有无显著性区别。

调用 One-Way ANOVA 过程，在对话框中按下列步骤设置。

根据分析要求指定因变量和因素变量，选定*年龄*变量送入 Dependent List 框中作为因变量，选定*职务*变量送入 Factor 框中作为因素变量。在 Option 对话框中勾选 Descriptives 项，以输出描述统计量。输出结果见表4-9和表4-10。

表4-9所示为描述统计量结果，给出了3种职务分组的样本含量、因变量年龄的平均值、标准差、标准误、95%置信区间、最大值和最小值等。

表 4-9 **Descriptives**

	年 龄							
	N	Mean	Std. Deviation	Std. Error	95% Confidence Interval for Mean		Minimum	Maximum
					Lower Bound	Upper Bound		
办事员	363	42. 05	12. 12757	. 63653	40. 7951	43. 2986	28. 00	70. 00
管理员	27	57. 59	9. 53237	1. 8345	53. 8217	61. 3635	38. 00	70. 00
经理	84	40. 50	6. 43316	. 70192	39. 1039	41. 8961	33. 00	62. 00
Total	474	42. 66	11. 77562	. 54087	41. 5954	43. 7210	28. 00	70. 00

表4-10所示为单因素方差分析结果，即因素变量职务对年龄的影响分析结果。本例的组间平方和为6548.911，组内平方和为59039.722，总平方和为65588.633；组间均方为3274.455，组内均方为125.350；F值是组间均方与组内均方之比，F值对应的概率为0.000，故原假设不显著，即三种职务的平均年龄有显著性差异。从表4-9所示的结果也可以看出，办事员平均年龄为42.047（岁），管理员57.593（岁），经理40.500（岁），显然存在明显差别。

表4-10 **ANOVA**

		Sum of Squares	df	Mean Square	F	Sig.
年龄	Between Groups	6548. 911	2	3274. 455	26. 123	. 000
	Within Groups	59039. 722	471	125. 350		
	Total	65588. 633	473			

习　题

1. 数据文件:《公司职工》

(1) 某甲估计该公司职工的平均当前薪金（salary）约35800元，某乙估计是36000元。用0.05的显著性水平检验，谁的估计合理？如果把显著性水平改为0.1呢？

(2) 男、女职工的平均年龄（age）有无显著性差异？平均受教育年限（educ）呢？（均取0.05的显著性水平）

(3) 青年（参照第3章习题1，以下同）职工与老年职工的平均当前薪金（salary）有无显著差别？青年职工与中年职工的平均受教育年限（educ）有无显著差别？（取显著性水平0.05）

(4) 年龄（age）在45岁（含）以上的职工与45岁以下职工的平均起始薪金（salbegin）分别是多少？能否认为有显著差别？（取显著性水平0.05）

(5) 70%的职工工作经验（prevexp）不超过多少个月？这部分职工的平均当前薪金（salary）与其他职工有无显著差别？（取显著性水平0.1）

(6) 全体职工的当前薪金（salary）与起始薪金（salbegin）有无显著差别？（取显著性水平0.01）

(7) 老、中、青三类不同年龄段的职工，他们的平均当前薪金（salary）、受教育年限（educ）和起始薪金（salbegin）分别是多少？在这三方面，不同年龄段的职工是否存在显著差异？（取显著性水平0.05）

2. 数据文件:《上海市雨量记录》，其中记录了上海市从1884～1982年共99年的年降雨量。根据这些数据，判断以下说法是否有道理（显著性水平均取0.05）：

(1) 认为新中国成立以来（从1949年始）雨下得比过去少；

(2) 认为20世纪60年代（从1960年始）雨量少于过去；

(3) 认为1949年（不含）、1960年（不含）是两个分界点，在三段不同年代的雨量有显著差别。

第5章　相关分析

相关分析是研究变量之间的相关程度，表示变量间线性相关程度的统计量称为相关系数（Correlation Coefficient）。相关系数又分为简单相关系数（也叫相关系数）和偏相关系数（Partial Correlation Coefficient）。

5.1　简单相关系数

在概率论中，定义两个随机变量 X 和 Y 的相关系数为

$$\rho = \frac{\text{Cov}(X,Y)}{\sqrt{\text{Var}(X)}\ \sqrt{\text{Var}(Y)}} \tag{5.1}$$

它具有如下性质：

（1）$|\rho| \leqslant 1$；

（2）若 $|\rho| = 1$，则 $P(Y = aX + b) = 1$，其中 a，b 均为常数，且 $a \neq 0$。

可见，相关系数描述的是变量间的线性统计关系。当 $\rho > 0$ 时，称 X 与 Y 为正相关；当 $\rho < 0$ 时，称 X 与 Y 为负相关；当 $|\rho| = 1$ 时，X 与 Y 有完全的线性统计关系；当 $|\rho|$ 变小时，线性关系的显著性不断降低；$\rho = 0$ 时，则完全不相关。

实际工作中，相关系数可以通过样本来估计。设 $(x_i, y_i)(i = 1, \cdots, n)$ 是变量 X 和 Y 的容量为 n 的样本观察值，下面介绍两种样本相关系数。

1. Pearson 相关系数

称

$$r = \frac{\sum\limits_{i=1}^{n}(x_i - \bar{x})(y_i - \bar{y})}{\sqrt{\sum\limits_{i=1}^{n}(x_i - \bar{x})^2}\ \sqrt{\sum\limits_{i=1}^{n}(y_i - \bar{y})^2}} \tag{5.2}$$

为 Pearson 相关系数，其中，$\bar{x} = \dfrac{1}{n}\sum\limits_{i=1}^{n}x_i$，$\bar{y} = \dfrac{1}{n}\sum\limits_{i=1}^{n}y_i$。

（5.2）式中的分子刻画了两个变量相依变化的程度，这个量可以很好地反映变量间的线性相关关系，分母是为使其标准化。Pearson 相关系数比较适用于数值型变量。

例 5.1 打开数据文件例 5 - 1。该文件有安徽省 1962 ~ 1988 年共 27 年每年的国民收入（*income*）和城乡居民储蓄存款余额（*deposit*）数据，单位均为：亿元，表 5 - 1 所示为样本数据。试分析变量 *income* 和 *deposit* 的相关性。

表 5 - 1　样本数据

No.	year	income	deposit	No.	year	income	deposit
1	1962	35	0.5913	15	1976	96	2.745
2	1963	36	0.7119	16	1977	97	3.128
3	1964	40	0.8452	17	1978	104	3.907
4	1965	47	0.9994	18	1979	116	5.747
5	1966	54	1.221	19	1980	128	8.758
6	1967	51	1.135	20	1981	150	12.19
7	1968	50	1.318	21	1982	161	16.36
8	1969	52	1.281	22	1983	180	20.95
9	1970	65	1.346	23	1984	221	28.32
10	1971	73	1.600	24	1985	272	38.43
11	1972	78	1.870	25	1986	311	55.43
12	1973	84	2.199	26	1987	358	75.20
13	1974	82	2.552	27	1988	445	89.83
14	1975	87	2.614				

选择菜单 *Analyze→Correlate→Bivariate*，进入 Bivariate Correlations 对话框。将变量 *income* 和 *deposit* 从源变量框送入 Variables 框中。由于这两个变量都是数值型变量，因此在 Correlation Coefficients 中使用系统默认设置，即 Pearson 相关系数；而在 Test of Significance（显著性检验）中，系统默认设置为 Two-tailed（双边），相关性的 t 检验是双边的，因此也沿用系统设置。最后一行 Flag significant correlations（标志显著相关），指在结果中标志显著相关的水平，也是默认设置。选择确认，得到的分析结果如表 5 - 2 所示。

表 5 - 2　**Correlations**

		国民收入（亿元）	城乡居民储蓄存款余额（亿元）
国民收入（亿元）	Pearson Correlation	1	.976
	Sig. (2-tailed)		.000
	N	27	27
城乡居民储蓄存款余额（亿元）	Pearson Correlation	.976	1
	Sig. (2-tailed)	.000	
	N	27	27

表 5 - 2 给出：城乡居民储蓄存款余额（*deposit*）与国民收入（*income*）这两个变量的 Pearson 相关系数是 0.976。

2. Spearman（等级）相关系数

对于 X 和 Y 是有序型（Ordinal）变量，可以使用 Spearman 相关系数。

将观察值 x_1，…，x_n 升序排列为 $x_{(1)} \leqslant \cdots \leqslant x_{(j)} \leqslant \cdots \leqslant x_{(n)}$，若 $x_{(j)} = x_i(i=1, \cdots, n)$，则定义：$r(x_i)=j$，称为 x_i 的秩。同理，可定义 y_i 的秩 $r(y_i)$。称

$$d_i = r(x_i) - r(y_i)$$

为 x_i 与 y_i 的秩差。

称

$$r_s = 1 - \frac{6 \sum_{i=1}^{n} d_i^2}{n(n^2-1)} \tag{5.3}$$

为 Spearman 相关系数。

例 5.2 打开数据文件例 5 - 2，如表 5 - 3 所示。该文件记录了 66 位职工的年龄（*age*）、性别（*sex*）和收入（*income*）的数据。对年龄与收入进行分组，年龄组（*mage*）：青年组（*age* ≤ 35）取 1；中年组（35 < *age* ≤ 55）取 2；老年组（*age* > 55）取 3。收入组（*minc*）：低收入组（*income* ≤ 800）取 1；中收入组（800 < *income* ≤ 1500）取 2；高收入组（*income* > 1500）取 3。

表 5 - 3 样本数据

id	age	sex	income	mage	minc	id	age	sex	income	mage	minc
01	65	1	2500	3	3	34	36	2	1100	2	2
02	52	1	1750	2	3	35	40	2	860	2	2
03	51	1	1460	2	2	36	28	2	760	1	1
04	51	1	1720	2	3	37	32	2	820	1	2
05	53	1	1760	2	3	38	33	2	950	1	2
06	51	1	1460	2	2	39	25	2	640	1	1
07	46	2	1250	2	2	40	23	2	660	1	1
08	50	2	1030	2	2	41	27	2	780	1	1
09	57	2	1770	3	3	42	57	2	1350	3	2
10	49	2	1250	2	2	43	60	1	2200	3	3
11	21	1	540	1	1	44	40	1	1250	2	2
12	56	1	1030	3	2	45	57	1	1700	3	3
13	50	2	1350	2	2	46	48	1	1300	2	2
14	29	1	850	1	2	47	49	1	1320	2	2
15	38	1	1040	2	2	48	58	1	1400	3	2

id	age	sex	income	mage	minc	id	age	sex	income	mage	minc
16	25	2	720	1	1	49	46	2	1250	2	2
17	25	1	990	1	2	50	40	1	1100	2	2
18	41	1	1000	2	2	51	40	1	860	2	2
19	27	1	830	1	2	52	34	1	860	1	2
20	35	2	1170	1	2	53	35	1	860	1	2
21	30	2	860	1	2	54	34	1	860	1	2
22	50	2	1470	2	2	55	32	1	760	1	1
23	56	2	1480	3	2	56	26	1	620	1	1
24	25	1	780	1	1	57	23	1	630	1	1
25	32	2	850	1	2	58	27	1	780	1	1
26	42	1	1300	2	2	59	28	1	1010	1	2
27	45	2	1150	2	2	60	26	1	1000	1	2
28	33	2	1000	1	2	61	28	1	800	1	1
29	27	2	1000	1	2	62	27	1	860	1	2
30	31	2	1000	1	2	63	45	1	1100	2	2
31	27	2	760	1	1	64	27	1	820	1	2
32	26	2	760	1	1	65	30	1	650	1	1
33	42	2	1100	2	2	66	31	1	780	1	1

操作同例5.1，去掉 Pearson 选项，另外选择 Spearman 相关系数，将变量 *age*，*income*，*mage* 和 *minc* 从源变量框送入 Variables 框中，结果如表 5 - 4 所示。

表 5 - 4 **Nonparamatric Correlations**

			年龄	收入（元）	mage	minc
Spearman's rho	年龄	Correlation Coefficient	1.000	.893	.903	.737
		Sig. (2-tailed)	.	.000	.000	.000
		N	66	66	66	66
	收入（元）	Correlation Coefficient	.893	1.000	.829	.843
		Sig. (2-tailed)	.000	.	.000	.000
		N	66	66	66	66
	mage	Correlation Coefficient	.903	.829	1.000	.628
		Sig. (2-tailed)	.000	.000	.	.000
		N	66	66	66	66
	minc	Correlation Coefficient	.737	.843	.628	1.000
		Sig. (2-tailed)	.000	.000	.000	.
		N	66	66	66	66

5.2 假设检验

实际应用中，一般将 $|\rho| > 0.8$ 作为 X 与 Y 强相关的标志。对于 X 与 Y 是否具有显著的相关性，可以做假设检验来验证。

原假设与对立假设

$$H_0: \rho = 0 \qquad H_1: \rho \neq 0$$

在第 6 章回归分析的参数估计中，将有两个关于统计量 $\hat{b}$ 和 $\hat{\sigma}^2$ 的结论：在 $\rho = 0$ 的假设下，分别是

$$\hat{b} = \frac{r}{\sqrt{\sigma^2}} \sqrt{\sum_{i=1}^{n} (y_i - \bar{y})^2} \sim N(0,1)$$

$$(n-2) \frac{\hat{\sigma}^2}{\sigma^2} = \frac{(1-r^2)}{\sigma^2} \sum_{i=1}^{n} (y_i - \bar{y})^2 \sim \chi^2(n-2)$$

则

$$t = \frac{\hat{b}}{\sqrt{\hat{\sigma}^2/\sigma^2}} = r \sqrt{\frac{n-2}{1-r^2}} \sim t(n-2) \tag{5.4}$$

可作为相关系数显著性检验的统计量。

例 5.3 数据文件及操作皆同例 5.1，输出结果亦同表 5 - 2。显著性概率 $Sig = 0$，小于显著性水平 0.01，故拒绝原假设，就是说国民收入与城乡居民储蓄存款余额的相关性是显著的。

5.3 偏相关系数

简单相关系数表示两个变量 X 和 Y 间的相关程度，它之所以"简单"，是因为如果还存在第 3 个或更多个变量，那么简单相关系数显示的 X 和 Y 的相关程度包括了这些变量的影响。如果想要得到剔除了这些变量影响后的 X 和 Y 的相关程度，就需要用偏相关系数（Partial Correlation Coefficient）。

首先，从最简单的情形说起。设有 3 个变量 X、Y、Z，计算变量 X, Y 在剔除了变量 Z 影响之后的相关程度。这里，被剔除的变量 Z 叫做控制变量（Control Variable），带有控制变量的相关系数叫偏相关系数。这时，定义偏相关系数为

$$r_{XY \cdot Z} = \frac{r_{XY} - r_{XZ} r_{YZ}}{\sqrt{1 - r_{XZ}^2} \sqrt{1 - r_{YZ}^2}} \tag{5.5}$$

其中，r_{XY}、r_{XZ}、r_{YZ} 表示两个变量的简单相关系数。

如果有四个变量 X、Y、Z 和 W，将 Z、W 作为控制变量，这时 X 和 Y 的

偏相关系数公式可由一个控制变量的偏相关系数递推导出为

$$r_{XY \cdot ZW} = \frac{r_{XY \cdot Z} - r_{XZ \cdot W} r_{YZ \cdot W}}{\sqrt{1 - r_{XZ \cdot W}^2} \ \sqrt{1 - r_{YZ \cdot W}^2}}$$ (5.6)

对偏相关系数的显著性假设检验是

$$H_0: \rho = 0 \qquad H_1: \rho \neq 0$$

检验统计量是

$$t = r \cdot \sqrt{\frac{n - q - 2}{1 - r^2}} \sim t(n - q - 2)$$ (5.7)

其中，r 是偏相关系数，n 是样本容量，q 是控制变量个数。

例 5.4 打开数据文件例 5-4，该文件记录了公司 474 个职工的简单情况。试计算当前薪金（*salary*）与起始薪金（*salbegin*）在剔除受教育年限（*educ*）影响后的偏相关系数。

选择菜单 ***Analyze→Correlate→Partiale***，进入 Partial Correlations 对话框。将变量当前薪金和起始薪金送入变量（Variables）框中；将受教育年限送入控制变量（Controlling for）框中；其他选项使用系统默认设置确认，结果如表 5-5 所示。

表 5-5 **Partial Correlations**

Control Variables			当前薪金	起始薪金
受教育年限	当前薪金	Correlation	1.000	.795
		Significance（2-tailed）	.	.000
		df	0	471
	起始薪金	Correlation	.795	1.000
		Significance（2-tailed）	.000	.
		df	471	0

在剔除受教育年限的影响后，当前薪金与起始薪金的偏相关系数是 0.795；$Sig = 0$，说明相关性是显著的。把表 5-5 与 Pearson 相关系数（见表 5-6）进行比较，可以看出偏相关系数与简单相关系数存在明显差异。

表 5-6 **Correlations**

		当前薪金	起始薪金
当前薪金	Pearson Correlation	1	.880
	Sig. (2-tailed)		.000
	N	474	474
起始薪金	Pearson Correlation	.880	1
	Sig. (2-tailed)	.000	
	N	474	474

习　题

1. 数据文件：《房屋数据》

（1）对房屋销售价 y 影响最大的前三位因素依次是什么？

（2）如果剔除房间数 x_6 的影响，房屋销售价 y 与起居室大小 x_4 的相关系数是多大？

（3）如果剔除房屋年龄 x_8 和车库数 x_5，房屋销售价 y 与起居室大小 x_4 的相关系数是多大？

2. 数据文件：《财政收入》

（1）财政收入 y 与其他变量 x_1、x_2、x_3、x_4、x_5 的相关系数分别是多少？

（2）如果剔除农业总产值 x_3，财政收入 y 与工业总产值 x_2 的相关系数是多少？如果剔除工业总产值 x_2，财政收入 y 与农业总产值 x_3 的相关系数是多少？对于所得结果，你有什么想法？

第6章 线性回归分析

在相关分析中，不管是简单相关分析，还是偏相关分析，相关系数及其假设检验从两个层面刻画了变量之间线性关系的程度。进一步我们还想知道能否在变量之间建立数学模型，更确切地说是建立线性模型。此种模型的一个主要应用是可以通过自变量所代表指标的预计值，预测因变量所代表指标的可能取值。当然，预测是在一定条件下，概率意义上得到的。

6.1 问题的提出

我们从一个简单的例子谈起。个人的消费水平 Y 与他的收入水平 X 间的关系，大体上可以用下面这句话来描述：收入水平高，一般消费水平也高。但 Y 和 X 绝不是简单的线性关系，这从常识便能判别；而且也很难说是一种确定的数学关系，两个收入水平完全一样的个人，他们的消费水平可能存在着很大的差异。一种比较合理的看法是：个人的消费水平 Y 是一个随机变量，在受收入水平变量 X 影响的同时，还会受到其他的，诸如社会的、环境的、个人的等随机因素（随机误差）的影响，不过从平均的意义上看，应与收入水平成正比。因此，我们可以给出以下模型

$$Y = b_0 + b_1 X + \varepsilon$$

我们可以期望在 $E(\varepsilon) = 0$ 时，保证

$$E(Y) = b_0 + b_1 X$$

即从平均意义上 Y 是 X 的线性函数，该式称为变量 Y 对于变量 X 的一元线性回归方程。

另外一个例子是水泥在凝固时单位质量所释放的热量 $Y(\mathrm{cal/g})$ 与水泥中4种化学成分：X_1、X_2、X_3、X_4 有关，其关系可用回归模型

$$Y = b_0 + b_1 X_1 + b_2 X_2 + b_3 X_3 + b_4 X_4 + \varepsilon$$

表示。在 $E(\varepsilon) = 0$ 时，同样得到

$$E(Y) = b_0 + b_1 X_1 + b_2 X_2 + b_3 X_3 + b_4 X_4$$

称为多元线性回归方程。

不难看出，线性回归分析研究的是因变量与自变量之间的相关关系，并用

线性方程的形式予以体现。此时，误差项是随机变量，因变量是随机变量，而自变量是一般变量。多元线性回归分析在建立回归方程的同时，为使其能真实地反映客观事物，更加"可信"，还要解决其他相应的问题。

①检验回归方程的显著性；

②对回归模型条件假设的诊断；

③数据预测。

6.2 一元线性回归

将一元线性回归模型

$$Y = b_0 + b_1X + \varepsilon \qquad (6.1)$$

中的线性部分记为

$$\hat{Y} = b_0 + b_1X \qquad (6.2)$$

它就是前面称的一元线性回归方程。

假设有 n 组样本数据 (x_1, y_1)，…，(x_n, y_n)，则可得到一组观察模型

$$y_i = b_0 + b_1x_i + \varepsilon_i \qquad (i = 1, 2, \cdots, n)$$

关于模型要满足的条件在下节再论及。若模型是足够可信成立的话，便可用回归方程计算 y_i 的估计值

$$\hat{y}_i = b_0 + b_1x_i \qquad (i = 1, 2, \cdots, n)$$

对于一元线性回归来说，实际上就是找一条回归直线去拟合样本数据所形成的散点图。拟合好坏的标准是直线与所有样本点之间的距离，也就是求得回归方程系数 b_0、b_1 的一组估计值，使总的距离最小。当使用平方距离时，有

$$Q = \sum_{i=1}^{n} (y_i - \hat{y}_i)^2 = \sum_{i=1}^{n} (y_i - b_0 - b_1x_i)^2 \qquad (6.3)$$

令

$$\frac{\partial Q}{\partial b_0} = 0, \qquad \frac{\partial Q}{\partial b_1} = 0$$

得到关于 b_0 与 b_1 的线性方程组：

$$\begin{cases} \sum_{i=1}^{n} (y_i - b_0 - b_1x_i) = 0 \\ \sum_{i=1}^{n} (y_i - b_0 - b_1x_i)x_i = 0 \end{cases}$$

此方程组称为正规方程组（Normal Equation），它也可以化成以下的等价形式

$$\begin{cases} b_0 + b_1\bar{x} = \bar{y} \\ (\sum_{i=1}^{n} x_i)b_0 + (\sum_{i=1}^{n} x_i^2)b_1 = \sum_{i=1}^{n} x_iy_i \end{cases}$$

解这个等价方程组，就得到

$$\begin{cases} \hat{b}_0 = \bar{y} - \hat{b}_1\bar{x} \\ \hat{b}_1 = \dfrac{\sum\limits_{i=1}^{n}(x_i - \bar{x})(y_i - \bar{y})}{\sum\limits_{i=1}^{n}(x_i - \bar{x})^2} \end{cases} \tag{6.4}$$

这个结果，叫做参数 b_0 和 b_1 的最小二乘估计（Least Square Estimate），由此得到一元线性回归方程

$$\hat{Y} = \hat{b}_0 + \hat{b}_1 X \tag{6.5}$$

例 6.1 建立钢材强度与碳含量之间的一元回归方程。打开数据文件例 6-1，该文件包含了 10 个样本的钢材强度 y 与碳含量 x 的数据，如表 6-1 所示。

表 6-1 样本数据

样　本	碳含量 x	钢材强度 y	样　本	碳含量 x	钢材强度 y
1	0.03	40.50	6	0.10	42.00
2	0.04	39.50	7	0.12	45.00
3	0.05	41.00	8	0.15	47.50
4	0.07	41.50	9	0.17	53.00
5	0.09	43.00	10	0.20	56.00

选择菜单 *Analyze→Regression→Linear*，选 y 作因变量，x 作自变量，其他选项默认。表 6-2 所示为该回归方程系数表。

表 6-2　Coefficients

Model		Unstandardized Coefficients		Standardized Coefficients	t	Sig.
		B	Std. Error	Beta		
1	（Constant）	35.451	1.243		28.522	.000
	碳含量	92.641	10.745	.950	8.622	.000

其中，Unstandardized Coefficients 指的是非标准化回归方程系数，而 Standardized Coefficients 指的是样本数据标准化后的回归方程系数，Std. Error 指的是系数估计值的标准差。由样本数据，得到钢材强度与碳含量之间的线性关系是

$$y = 35.451 + 92.641x$$

或

$$y = 0.950x$$

从非标准化回归方程来看，1 个单位碳含量的变化，引起约 93 个单位钢材强度的改变。

6.3 多元线性回归

1. 数学模型

随机变量 Y 与变量 X_1，X_2，$\cdots$，X_p 间的多元线性回归模型为

$$Y = b_0 + b_1X_1 + b_2X_2 + \cdots + b_pX_p + \varepsilon \tag{6.6}$$

其中的 ε 是随机误差（残差）。

假设有 n 组样本数据（x_{i1}，x_{i2}，$\cdots$，x_{ip}，y_i），则可得到一组观察模型

$$\begin{cases} y_1 = b_0 + b_1x_{11} + b_2x_{12} + \cdots + b_px_{1p} + \varepsilon_1 \\ y_2 = b_0 + b_1x_{21} + b_2x_{22} + \cdots + b_px_{2p} + \varepsilon_2 \\ \cdots \qquad\qquad\qquad\qquad \cdots \qquad\qquad \cdots \\ y_n = b_0 + b_1x_{n1} + b_2x_{n2} + \cdots + b_px_{np} + \varepsilon_n \end{cases} \tag{6.7}$$

要求 $i = 1$，2，$\cdots$，n 时，满足假设

1）$E(\varepsilon_i) = 0$；

2）$\mathrm{Var}(\varepsilon_i) = \sigma^2$；

3）$\mathrm{Cov}(\varepsilon_i, \varepsilon_j) = 0 \qquad i \neq j$；

4）$\varepsilon_i \sim N(0, \sigma^2)$。

亦即在 $E(\varepsilon) = 0$ 时，得到多元线性回归方程

$$\hat{Y} = E(Y) = b_0 + b_1X_1 + b_2X_2 + \cdots + b_pX_p \tag{6.8}$$

2. 矩阵表示

以上模型与假设，可以用矩阵表示，用矩阵表示有利于数学推导以及结果的表示。记向量 $\boldsymbol{Y}$、$\boldsymbol{b}$、$\boldsymbol{\varepsilon}$ 和样本矩阵 $\boldsymbol{X}$ 分别为

$$\boldsymbol{Y} = (y_1, y_2, \cdots, y_n)', \quad \boldsymbol{\varepsilon} = (\varepsilon_1, \varepsilon_2, \cdots, \varepsilon_n)', \quad \boldsymbol{b} = (b_0, b_1, b_2, \cdots, b_p)'$$

$$\boldsymbol{X} = \begin{pmatrix} 1 & x_{11} & x_{12} & \cdots & x_{1p} \\ 1 & x_{21} & x_{22} & \cdots & x_{2p} \\ \cdots & \cdots & \cdots & \cdots & \cdots \\ 1 & x_{n1} & x_{n2} & \cdots & x_{np} \end{pmatrix}$$

模型（6.7）的矩阵表示便是

$$\boldsymbol{Y} = \boldsymbol{Xb} + \boldsymbol{\varepsilon} \tag{6.9}$$

回归方程的样本矩阵表示便是

$$\hat{\boldsymbol{Y}} = \boldsymbol{Xb} \tag{6.10}$$

假设 1）~3）便是

$$E(\boldsymbol{\varepsilon}) = \boldsymbol{0}, \qquad D(\boldsymbol{\varepsilon}) = \sigma^2 \boldsymbol{I}$$

其中，$\boldsymbol{I}$ 是 n 级单位矩阵。

3. 回归分析的主要任务

回归分析主要有两方面任务：一是回归系数与误差的估计和检验，基本上是参数估计问题；二是一些与模型假设有关的诊断问题，目的是衡量回归方程反映变量关系的真实性与可靠性。

1）估计回归方程系数；

2）估计残差 $\boldsymbol{\varepsilon}$ 及其方差 σ^2；

3）回归方程的显著性检验；

4）回归系数的显著性检验；

5）残差的独立性诊断；

6）残差的方差齐性诊断；

7）残差的正态性诊断；

8）自变量间的共线性诊断。

6.4　参数估计

1. 回归系数的最小二乘估计

既然是估计，就要立一个标准，什么样的估计算是好的估计。一个很自然的想法便是：由此产生的 Y 的估计值与观察值的误差，在总体上应尽可能地小。记

$$Q = \sum_{i=1}^{n} (y_i - \hat{y}_i)^2 = \sum_{i=1}^{n} (y_i - b_0 - b_1 x_{i1} - b_2 x_{i2} - \cdots - b_p x_{ip})^2$$

则

$$Q = \boldsymbol{\varepsilon}'\boldsymbol{\varepsilon} = (\boldsymbol{Y} - \boldsymbol{Xb})'(\boldsymbol{Y} - \boldsymbol{Xb})$$
$$= \boldsymbol{Y}'\boldsymbol{Y} - \boldsymbol{b}'\boldsymbol{X}'\boldsymbol{Y} - \boldsymbol{Y}'\boldsymbol{Xb} + \boldsymbol{b}'\boldsymbol{X}'\boldsymbol{Xb}$$

要使 Q 值尽可能地小，取其极值，对系数变量 $\boldsymbol{b}$ 求导数。令

$$\frac{\partial Q}{\partial \boldsymbol{b}} = -\frac{\partial}{\partial \boldsymbol{b}}(\boldsymbol{b}'\boldsymbol{X}'\boldsymbol{Y}) - \frac{\partial}{\partial \boldsymbol{b}}(\boldsymbol{Y}'\boldsymbol{Xb}) + \frac{\partial}{\partial \boldsymbol{b}}(\boldsymbol{b}'\boldsymbol{X}'\boldsymbol{Xb}) = \boldsymbol{0}$$

根据矩阵导数规则，其中

$$\frac{\partial}{\partial \boldsymbol{b}}(\boldsymbol{b}'\boldsymbol{X}'\boldsymbol{Y}) = \boldsymbol{X}'\boldsymbol{Y}$$

$$\frac{\partial}{\partial \boldsymbol{b}}(\boldsymbol{Y}'\boldsymbol{Xb}) = \boldsymbol{X}'\boldsymbol{Y}$$

$$\frac{\partial}{\partial \boldsymbol{b}}(\boldsymbol{b}'\boldsymbol{X}'\boldsymbol{X}\boldsymbol{b}) = 2\boldsymbol{X}'\boldsymbol{X}\boldsymbol{b}$$

所以
$$-2\boldsymbol{X}'\boldsymbol{Y} + 2\boldsymbol{X}'\boldsymbol{X}\boldsymbol{b} = \boldsymbol{0}$$

若 $(\boldsymbol{X}'\boldsymbol{X})^{-1}$ 存在，解得

$$\hat{\boldsymbol{b}} = (\boldsymbol{X}'\boldsymbol{X})^{-1}\boldsymbol{X}'\boldsymbol{Y} \qquad (6.11)$$

这就是回归系数 $\boldsymbol{b}$ 的最小二乘估计。因而，回归方程是

$$\hat{Y} = \hat{b}_0 + \hat{b}_1 X_1 + \hat{b}_2 X_2 + \cdots + \hat{b}_p X_p \qquad (6.12)$$

以上是用矩阵求导法则，也可直接对函数 Q 求导数，最后归结为矩阵形式

$$Q = \sum_{i=1}^{n}\left(y_i - b_0 - \sum_{j=1}^{p} b_j x_{ij}\right)^2$$

$$\begin{cases} \dfrac{\partial Q}{\partial b_0} = -2\sum_{i=1}^{n}\left(y_i - b_0 - \sum_{j=1}^{p} b_j x_{ij}\right) = 0 \\[3mm] \dfrac{\partial Q}{\partial b_k} = -2\sum_{i=1}^{n}\left(y_i - b_0 - \sum_{j=1}^{p} b_j x_{ij}\right)x_{ik} = 0 \qquad (k = 1, 2, \cdots, p) \end{cases}$$

$$\Rightarrow \begin{cases} \sum_{i=1}^{n} y_i = \sum_{i=1}^{n}\left(b_0 + \sum_{j=1}^{p} b_j x_{ij}\right) \\[3mm] \sum_{i=1}^{n} y_i x_{ik} = \sum_{i=1}^{n}\left(b_0 + \sum_{j=1}^{p} b_j x_{ij}\right)x_{ik} \qquad (k = 1, 2, \cdots, p) \end{cases}$$

$$\Rightarrow \boldsymbol{X}'\boldsymbol{Y} = \boldsymbol{X}'\boldsymbol{X}\boldsymbol{b}$$

$$\Rightarrow \hat{\boldsymbol{b}} = (\boldsymbol{X}'\boldsymbol{X})^{-1}\boldsymbol{X}'\boldsymbol{Y}$$

2. 回归系数最小二乘估计的性质

性质1 $\hat{\boldsymbol{b}}$ 是 $\boldsymbol{b}$ 的无偏估计

证明：因为 $\quad Q\hat{\boldsymbol{b}} = (\boldsymbol{X}'\boldsymbol{X})^{-1}\boldsymbol{X}'\boldsymbol{Y}$

$$= (\boldsymbol{X}'\boldsymbol{X})^{-1}\boldsymbol{X}'(\boldsymbol{X}\boldsymbol{b} + \boldsymbol{\varepsilon})$$

$$= \boldsymbol{b} + (\boldsymbol{X}'\boldsymbol{X})^{-1}\boldsymbol{X}'\boldsymbol{\varepsilon}$$

所以 $\qquad E(\hat{\boldsymbol{b}}) = \boldsymbol{b} + (\boldsymbol{X}'\boldsymbol{X})^{-1}\boldsymbol{X}'E(\boldsymbol{\varepsilon}) = \boldsymbol{b}$

性质2 $D(\hat{\boldsymbol{b}}) = \sigma^2 (\boldsymbol{X}'\boldsymbol{X})^{-1}$

$$D(\hat{\boldsymbol{b}}) = E(\hat{\boldsymbol{b}} - \boldsymbol{b})(\hat{\boldsymbol{b}} - \boldsymbol{b})'$$

$$= E[(\boldsymbol{X}'\boldsymbol{X})^{-1}\boldsymbol{X}'\boldsymbol{\varepsilon}][(\boldsymbol{X}'\boldsymbol{X})^{-1}\boldsymbol{X}'\boldsymbol{\varepsilon}]'$$

$$= (\boldsymbol{X}'\boldsymbol{X})^{-1}\boldsymbol{X}'E(\boldsymbol{\varepsilon}\boldsymbol{\varepsilon}')\boldsymbol{X}(\boldsymbol{X}'\boldsymbol{X})^{-1}$$

$$= (\boldsymbol{X}'\boldsymbol{X})^{-1}\boldsymbol{X}'\sigma^2 \boldsymbol{I}\boldsymbol{X}(\boldsymbol{X}'\boldsymbol{X})^{-1}$$

$$= \sigma^2 (\boldsymbol{X}'\boldsymbol{X})^{-1}$$

因而 $\hat{\boldsymbol{b}} \sim N_{p+1}(\boldsymbol{b}, \sigma^2 (\boldsymbol{X}'\boldsymbol{X})^{-1})$

记矩阵

$$C = (c_{ij})_{(p+1) \times (p+1)} = (X'X)^{-1}$$

这是一个 $(p+1) \times (p+1)$ 方阵，为与模型一致，行列计数从 0 开始。性质 2 表明

$$\text{Var}(\hat{b}_j) = \sigma^2 c_{jj} \qquad (j = 0, 1, \cdots, p)$$

于是有

$$\text{Var}\left(\frac{\hat{b}_j}{c_{jj}}\right) = \sigma^2$$

3. 方差估计

方差 σ^2 的无偏估计是

$$\hat{\sigma}^2 = \frac{1}{n-p-1} \sum_{i=1}^{n} (y_i - \hat{y}_i)^2$$

且

$$(n-p-1)\frac{\hat{\sigma}^2}{\sigma^2} \sim \chi^2(n-p-1)$$

例 6.2 建立财政收入与若干经济指标之间的回归方程。打开数据文件例 6-2，该文件包含了财政收入（百亿元）y 和国民收入（百亿元）x_1、工业产值（百亿元）x_2、农业产值（百亿元）x_3、就业人数（百万人）x_4、固定资产（百亿元）x_5 共 6 个指标的 15 个样本数据，如表 6-3 所示。

表 6-3 样本数据

样本	x_1	x_2	x_3	x_4	x_5	y	样本	x_1	x_2	x_3	x_4	x_5	y
1	13.22	19.11	6.87	229.80	2.15	4.85	9	19.93	36.96	8.91	373.39	3.92	6.62
2	12.49	16.47	6.97	330.81	1.67	3.31	10	21.21	42.54	9.32	381.27	4.54	6.89
3	11.87	15.65	6.80	331.92	1.34	3.12	11	20.52	43.09	9.55	388.31	4.41	6.63
4	13.72	21.01	6.88	333.23	2.21	4.58	12	21.89	49.25	9.71	395.72	5.55	7.15
5	16.38	27.47	7.67	334.43	3.35	5.67	13	24.75	55.90	10.58	398.65	5.66	9.21
6	17.80	31.56	7.90	355.62	3.56	6.18	14	27.02	60.65	11.50	405.81	5.78	8.97
7	18.33	33.65	7.89	358.54	3.43	6.65	15	27.91	65.92	11.94	418.97	5.85	8.31
8	19.78	36.84	8.55	366.52	3.85	6.94							

选择菜单 *Analyze→Regression→Linear*，选 y 作因变量（Dependent），其他变量作自变量（Independent），其他选项默认。表 6-4 所示为该回归方程系数表。

表 6 – 4   **Coefficients**

Model	Unstandardized Coefficients		Standardized Coefficients	t	Sig.
	B	Std. Error	Beta		
1 （Constant）	4.759	2.915		1.632	.137
国民收入（百亿元）	.631	.192	1.759	3.283	.009
工业产值（百亿元）	.001	.095	.005	.006	.996
农业产值（百亿元）	-1.094	.481	-1.016	-2.276	.049
就业人数（百万人）	-.007	.004	-.180	-1.814	.103
固定资产（百亿元）	.417	.380	.347	1.099	.300

非标准化回归方程

$$y = 4.759 + 0.631x_1 + 0.001x_2 - 1.094x_3 - 0.007x_4 + 0.417x_5$$

标准化回归方程

$$y = 1.759x_1 + 0.005x_2 - 1.016x_3 - 0.18x_4 + 0.347x_5$$

在以上例子中，再选择 *Statistics→Regression Coefficients→Covariance matrix*，可得 $D(\hat{\boldsymbol{b}})$。表 6 – 5 中，Covariances 栏对应的就是回归系数的协方差阵。

表 6 – 5   **Coefficients Correlations**

Model		固定资产（百亿元）	就业人数（百万人）	农业产值（百亿元）	国民收入（百亿元）	工业产值（百亿元）
1 Correlation	固定资产（百亿元）	1.000	-.022	.554	-.059	-.624
	就业人数（百万人）	-.022	1.000	-0.50	-.067	-.021
	农业产值（百亿元）	.554	-.050	1.000	-.020	-.717
	国民收入（百亿元）	-.059	-.067	-.020	1.000	-.600
	工业产值（百亿元）	-.624	-.021	-.717	-.600	1.000
Covariance	固定资产（百亿元）	.144	-3.25E-005	.101	.004	.022
	就业人数（百万人）	-3.25E-005	1.52E-005	-9.36E-005	-5.04E-005	-7.59E-006
	农业产值（百亿元）	.101	-9.36E-005	.231	-.002	-.033
	国民收入（百亿元）	-.004	-5.04E-005	-.002	.037	-.011
	工业产值（百亿元）	-.022	-7.59E-006	-.033	-.011	.009

6.5   回归方程及系数的检验

在回归模型假设的前提下，通过样本计算得到的回归系数只是参数估计，对于随机变量 Y 与变量 X_1, …, X_p 间是否有线性关系，以及某个变量对 Y 的影响是否显著都还需进行检验。在做此项工作之前，先来看一个在多元统计分析中非常重要，但又很简单的公式。

1. 平方和分解公式

注意到在最小二乘估计中

$$\sum_{i=1}^{n} y_i = \sum_{i=1}^{n} (\hat{b}_0 + \hat{b}_1 x_{i1} + \cdots + \hat{b}_p x_{ip}) = \sum_{i=1}^{n} \hat{y}_i$$

所谓"平方和分解公式"，即

$$\sum_{i=1}^{n} (y_i - \bar{y})^2 = \sum_{i=1}^{n} (y_i - \hat{y}_i)^2 + \sum_{i=1}^{n} (\hat{y}_i - \bar{y})^2$$

其中

$$\bar{y} = \frac{1}{n} \sum_{i=1}^{n} y_i$$

此公式证明如下

$$\sum_{i=1}^{n} (y_i - \bar{y})^2 = \sum_{i=1}^{n} ((y_i - \hat{y}_i) + (\hat{y}_i - \bar{y}))^2$$

$$= \sum_{i=1}^{n} (y_i - \hat{y}_i)^2 + 2 \sum_{i=1}^{n} (y_i - \hat{y}_i)(\hat{y}_i - \bar{y}) + \sum_{i=1}^{n} (\hat{y}_i - \bar{y})^2$$

其中

$$\sum_{i=1}^{n} (y_i - \hat{y}_i)(\hat{y}_i - \bar{y}) = \sum_{i=1}^{n} (y_i - \hat{y}_i)\hat{y}_i - \bar{y} \sum_{i=1}^{n} (y_i - \hat{y}_i)$$

因为
$$\sum_{i=1}^{n} (y_i - \hat{y}_i)\hat{y}_i = (\boldsymbol{Y} - \hat{\boldsymbol{Y}})'\hat{\boldsymbol{Y}}$$

$$= (\boldsymbol{Y}' - \boldsymbol{Y}'\boldsymbol{X}(\boldsymbol{X}'\boldsymbol{X})^{-1}\boldsymbol{X}')(\boldsymbol{X}(\boldsymbol{X}'\boldsymbol{X})^{-1}\boldsymbol{X}'\boldsymbol{Y})$$

$$= \boldsymbol{Y}'\boldsymbol{X}(\boldsymbol{X}'\boldsymbol{X})^{-1}\boldsymbol{X}'\boldsymbol{Y} - \boldsymbol{Y}'\boldsymbol{X}(\boldsymbol{X}'\boldsymbol{X})^{-1}\boldsymbol{X}'\boldsymbol{X}(\boldsymbol{X}'\boldsymbol{X})^{-1}\boldsymbol{X}'\boldsymbol{Y}$$

$$= \boldsymbol{0}$$

且

$$\sum_{i=1}^{n} (y_i - \hat{y}_i) = 0$$

所以
$$\sum_{i=1}^{n} (y_i - \hat{y}_i)(\hat{y}_i - \bar{y}) = 0$$

记

$$\text{Total(TSS)} = \sum_{i=1}^{n} (y_i - \bar{y})^2$$

$$\text{Residual(ESS)} = \sum_{i=1}^{n} (y_i - \hat{y}_i)^2$$

$$\text{Regression(RSS)} = \sum_{i=1}^{n} (\hat{y}_i - \bar{y})^2$$

$$\text{TSS} = \text{ESS} + \text{RSS} \tag{6.13}$$

其中 Total 为总变差平方和（TSS），Residual 为残差平方和（ESS），Regression 为回归平方和（RSS）。

2. 复相关系数

平方和分解公式由（6.13）式给出。其中的 TSS 完全由样本观察值决定，在取定一组样本后，它是一个常量。ESS 是观察值与估计值的误差平方和，表示回归直线的拟合误差，ESS 越小（RSS 的值就越大），回归直线的拟合质量就越好；反之，ESS 越大（RSS 就越小），回归直线的拟合质量就越差。所以，RSS 的大小或 RSS/TSS 的大小，就成了衡量回归方程好坏的尺度。记

$$R^2 = \frac{\text{RSS}}{\text{TSS}}$$

为判决系数，称它的算术平方根 R 为复相关系数。这是一个从直观上判断回归方程拟合好坏的尺度，$0 \leqslant R \leqslant 1$。显然 R 值越大，回归方程拟合越好。

但 R 有这样一个特点会影响其对回归直线拟合质量的判断，就是值会随自变量个数的增加而变大。为修正此点，在判决系数中引入自由度，对其进行调整，以获得更精确的 R^2 估计值，称为 R^2 的校正值（Adjusted R Square）

$$\text{Adj. } R^2 = 1 - \frac{\text{ESS}/n - p - 1}{\text{TSS}/n - 1}$$

$$= 1 - \frac{n-1}{n-p-1}(1 - R^2)$$

$$= R^2 - \frac{p(1 - R^2)}{n-p-1}$$

3. 回归方程的显著性检验

在多元回归分析中，即使由最小二乘法计算得出回归方程，也不能断言因变量与自变量之间就一定存在线性关系。线性关系的存在就意味着除常数项外的其他回归系数不全为零，这样，就提出了回归方程的显著性假设检验问题。检验假设为

原假设　　H$_0$：$b_1 = b_2 = \cdots = b_p = 0$　　（回归方程不显著）

对立假设　H$_1$：H$_0$ 不对　　　　　　　　（回归方程显著）

检验的方法是从分析引起总变差的原因入手。注意到在（6.13）式中，若 RSS 比 ESS 大得多，则说明 TSS 主要是由线性部分引起的，或说变量 X_j 变化引起的，即考察的自变量对 Y 的影响是显著的。根据这一思想，若 H$_0$ 为真，选择假设检验统计量为

$$F = \frac{\text{RSS}/p}{\text{ESS}/(n-p-1)} \sim F(p, n-p-1).$$

检验临界域由

$$P(F > \lambda_\alpha) = \alpha$$

确定。

例 6.3　数据文件同例 6.2，操作亦同例 6.2。表 6 - 6 所示为回归方程的复相关系数计算结果。$R = 0.986$ 说明该回归方程拟合的质量不错。

表 6 - 6　Model Summary

Model	R	R Square	Adjusted R Square	Std. Error of the Estimate
1	.968	.972	.956	.38092

表 6 - 7 所示为回归方程的显著性检验。表中的第 2 列分别是回归平方和、残差平方和及总变差平方和；df 列是三者相应的自由度；第 4 列是回归平方和、残差平方和与相应自由度的比值；F 列是遵从 F（5，9）分布的样本统计量值；最后一列是样本的显著性概率值，该值小于 $\alpha = 0.05$ 的显著性水平，因此，应拒绝原假设。故认为该回归方程是显著的。

表 6 - 7　ANOVA

Model		Sum of Squares	df	Mean Square	F	Sig.
1	Regression	44.647	5	8.929	61.541	.000
	Residual	1.306	9	.145		
	Total	45.953	14			

4. 回归系数的显著性检验

在回归方程的显著性检验中，若回归方程显著，仅表示回归系数 b_1，b_2，$\cdots$，b_p 不全为 0，但不排除有某个 b_j 为 0。回归系数的显著性检验的目的就是检验自变量对因变量作用的显著程度，从而剔除回归方程中那些对因变量作用不显著的变量，简化回归方程。

在平方和分解公式中，已经得到：回归平方和 RSS 是回归方程拟合好坏的一个衡量尺度。设 RSS 是由包含全部自变量的回归方程所计算的回归平方和，而 RSS_j 是剔除了自变量 X_j 后，由所得回归方程计算而得的回归平方和。记

$$\Delta RSS_j = RSS - RSS_j$$

表示在变量 X_j 被剔除后，回归平方和减少了多少。显然，ΔRSS_j 越大，说明变量 X_j 越重要。ΔRSS_j 称为变量 X_j 的偏回归平方和。

可以证明 ΔRSS_j 的计算公式为

$$\Delta \text{RSS}_j = \frac{\hat{b}_j^2}{c_{jj}} \qquad j = 1, 2, \cdots, p$$

回归系数显著性检验的假设为

原假设 $\qquad$ $H_0^{(j)} : b_j = 0$ $\qquad$ $j = 1, 2, \cdots, p$

若原假设成立,则检验统计量

$$F_j = \frac{\Delta \text{RSS}_j}{\text{ESS}/(n-p-1)} \sim F(1, n-p-1)$$

或

$$t_j = \frac{\hat{b}_j}{\hat{\sigma}\sqrt{c_{jj}}} \sim t(n-p-1)$$

在显著性水平为 α 时,检验临界域由

$$P\{|t_j| > \lambda_\alpha\} = \alpha$$

确定。

例 6.4 数据文件同例 6.2,操作亦同例 6.2。表 6-8 所示为回归方程系数的显著性检验结果。

表 6-8 **Coefficients**

Model		Unstandardized Coefficients		Standardized Coefficients	t	Sig.
		B	Std. Error	Beta		
1	(Constant)	4.759	2.915		1.632	.137
	国民收入(百亿元)	.631	.192	1.759	3.283	.009
	工业产值(百亿元)	.001	.095	.005	.006	.996
	农业产值(百亿元)	-1.094	.481	-1.016	-2.276	.049
	就业人数(百万人)	-.007	.004	-.180	-1.814	.103
	固定资产(百亿元)	.417	.380	.347	1.099	.300

本例使用的是 t 统计量。表中 t 列值对应着回归方程系数,包括常数项。Sig. 列是各系数相应的显著性概率。从回归系数显著性检验的原假设可知道,当接受原假设时,就意味着该系数对回归方程是不显著的。以显著性水平 0.05 而言,当 Sig. >0.05 时,即为接受原假设。从表 6-8 得出的结论是:常数项、工业产值就业人数和固定资产是不显著的,农业产值也很勉强。

6.6 回归诊断与残差分析

在建立回归模型时,曾对残差做了一些假设,实际问题中这些假设是否成立?如果成立,那么前面讨论的估计和检验问题的结论是可靠的;否则是根据

不足。以上问题可通过回归诊断与残差分析来回答。

残差是回归模型中误差 ε_i 的估计，记

$$r_i = \hat{\varepsilon}_i = y_i - \hat{y}_i \qquad (i = 1, 2, \cdots, n)$$

标准化残差为

$$r_i^* = \frac{r_i - 0}{\sqrt{\sigma^2}}$$

或学生化残差为

$$e_i = r_i \Big/ \sqrt{\mathrm{Var}(r_i)}$$

记

$$\boldsymbol{H} = \boldsymbol{X}(\boldsymbol{X}'\boldsymbol{X})^{-1}\boldsymbol{X}'$$

则

$$\boldsymbol{r} = \boldsymbol{Y} - \hat{\boldsymbol{Y}} = (\boldsymbol{I} - \boldsymbol{H})\boldsymbol{Y}$$

若 $\varepsilon_i \sim N(0, \sigma^2)$，则 $E(\boldsymbol{r}) = 0$，$D(\boldsymbol{r}) = \sigma^2(\boldsymbol{I} - \boldsymbol{H})$，即 $E(r_i) = 0$，$\mathrm{Var}(r_i) = \sigma^2(1 - h_{ii})$。且 $r_i \sim N(0, \sigma^2(1 - h_{ii}))\,(i = 1, 2, \cdots, n)$。其中的 σ^2 可由估计量 $\hat{\sigma}^2$ 得到。

1. 残差独立性诊断

残差的独立性诊断可借助于 $D - W$ 统计量（J. Durbin-G. S. Watson）

$$DW = \frac{\sum_{i=2}^{n} (e_i - e_{i-1})^2}{\sum_{i=1}^{n} e_i^2} \approx 2(1 - \hat{\rho})$$

来判断。其中的 $\hat{\rho}$ 是残差序列的一阶自相关系数的估计，可见此时的 DW 值约在区间 $[0, 4]$ 之内。检验统计量 $DW = 2$，若显著则认为残差独立。由于 DW 分布未知，在实际计算时可作一般判断，当 $DW \approx 2$ 时，认为残差之间是独立的。当 $|DW - 2|$ 过大时，拒绝原假设，认为残差之间是相关的：当 $DW < 2$ 时，残差正相关；当 $DW > 2$ 时，残差负相关。

例 6.5 数据文件同例 6.2。在例 6.2 操作的基础之上，在 Linera Regression 对话窗口中，选择选项：**Statistics → (Residuals) Durbin - Watson**。在表 6-9 中，$DW = 2.399$，残差有不大的自相关，亦即残差的独立性不显著。

表 6-9 **Model Summary**

Model	R	R Square	Adjusted R Square	Std. Error of the Estimate	Durbin-Watson
1	.986	.972	.956	.38092	2.399

2. 残差的方差齐性诊断

假设 $\mathrm{Var}(\varepsilon_i) = \sigma^2 (i = 1, 2, \cdots, n)$，称为方差齐性。通过分析标准化预测值（$X$ 轴）——学生化（标准化）残差（Y 轴）散点图来实现。当图中各点分布没有明显的规律性，即残差的分布不随预测值的变化而增大或减小时，（或图中各点在纵轴零点对应的直线上下基本均匀分布），因此可以认为方差齐性的假设成立。

例 6.6 数据文件同例 6.2。在例 6.2 操作基础之上，在 Linera Regression 对话窗口中，选择按钮 ***Plots***，进入 Plots 对话窗口。在列表框中：选 ***SRESID***（学生化残差）或 ***ZRESID***（标准化残差）进入 Y 输入框；选 ***ZPRED***（标准化预测值）进入 X 输入框，然后确认。在输出窗口中得到如图 6-1 所示的散点图。

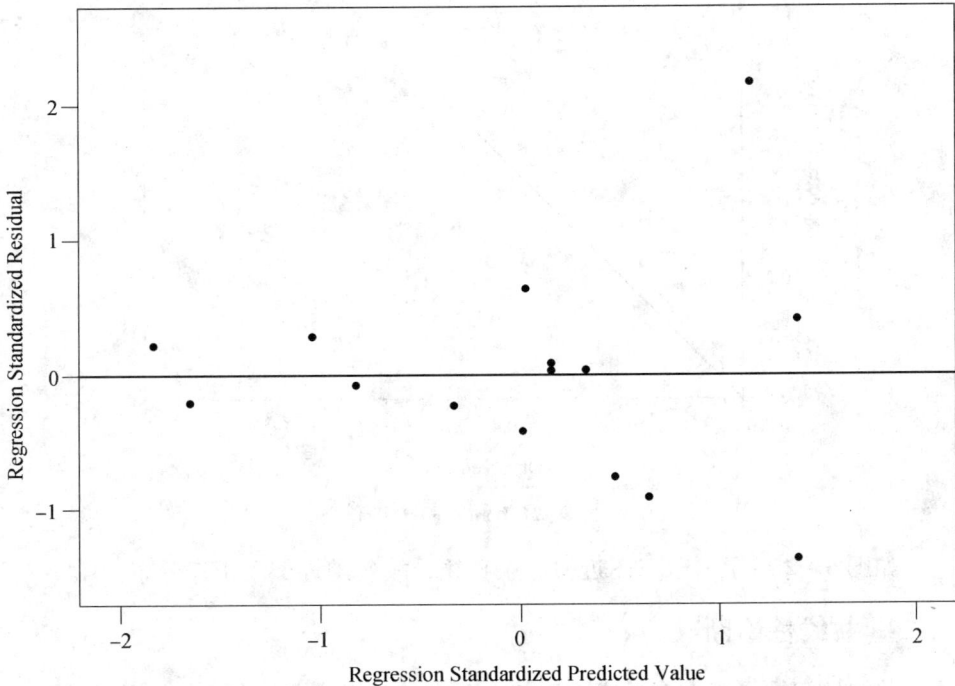

图 6 - 1   Scatterplot

图 6 - 1 所示为标准化预测值与学生化残差的散点图。从图中可以看出，除个别点外，其他点基本上在纵轴零点对应的直线上下均匀分布，因此，方差齐性是成立的。

3. 残差的正态分布

残差的正态性诊断可以通过标准化残差的 Q - Q 图或 P - P 正态概率图来

实现，当散点图基本呈一直线时，正态性诊断通过。所谓 P – P 图是以被检验变量的累积概率（Cumulative Probability）与预计分布的累积概率作散点图，而 Q – Q图是以被检验变量的分位数与预计分布的分位数作散点图。

例6.7 数据文件同例 6.2。在例 6.2 操作基础之上，在 Linera Regression 对话窗口中，选择按钮 ***Plots***，进入 ***Plots*** 对话窗口；选择选项 ***Normal probability plot***，确认。在输出窗口中得到如图 6 – 2 所示的散点图。

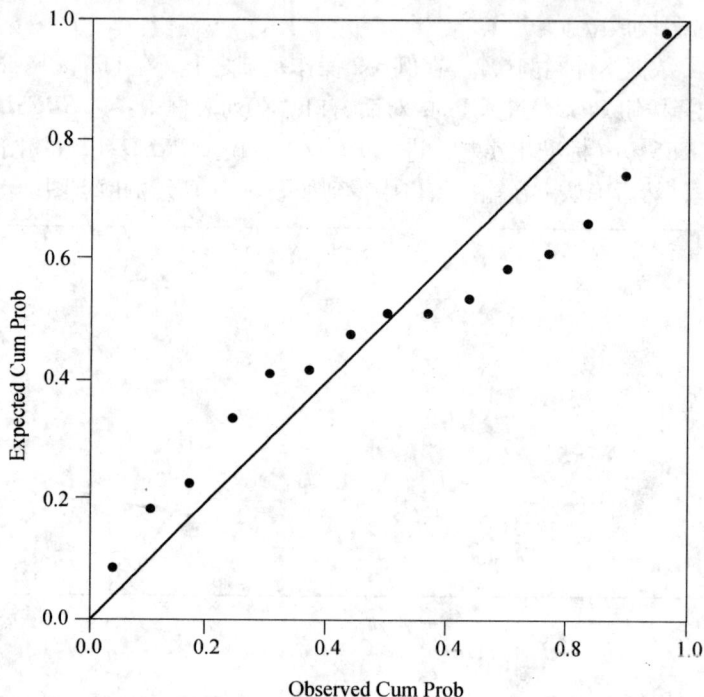

图 6 – 2　Normal P – P Plot

如图 6 – 2 所示，散点图近似一条直线，故残差近似于正态分布。

4. 共线性诊断

共线性问题是指在多元线性回归方程中，自变量之间存在线性关系或近似线性关系。自变量之间的线性关系将会隐蔽变量的显著性，增加参数估计的方差，模型会变得不稳定。

共线性诊断常用统计量容限 Tol（Tolerance），或方差膨胀因子 VIF（Variance inflation factor）来考察。

设 R_j^2 是以自变量 $X_j(j = 1, 2, \cdots, p)$ 为因变量，与其他 $p-1$ 个自变量构成的 $p-1$ 元线性回归方程的判决系数，称

$$\text{Tol}_j = 1 - R_j^2$$

为变量 X_j 的容限。它是判断回归方程共线性的重要指标。显然有：$0 \leqslant \mathrm{Tol}_j \leqslant 1$，并且：$\mathrm{Tol}(X_j)$ 的值越小，自变量 X_j 的共线性越显著。

称

$$\mathrm{VIF}_j = \frac{1}{\mathrm{Tol}_j}$$

为变量 X_j 的方差膨胀因子。一般建议，若 $\mathrm{VIF} > 10$，表明模型中有很强的共线性问题。

共线性诊断的其他方法还有条件指数和方差比例。把样本矩阵乘积 $\boldsymbol{X'X}$ 的特征值（Eigenvalue）从大到小排列，记最大特征值与每个特征值之比的平方根 k 为条件指数（Condition Index）。一般认为：若 k 在 10～30 之间，共线性较弱；k 在 30～100 之间，共线性程度中等；k 大于 100，则有高度的共线性。

方差比例（Variance Proportions）是说对于每个自变量（包括常数项），其在构成特征值（方差）中的比例。一般来说，在大的条件指数中，其对应的两个以上的方差比例超过 0.5 的自变量存在相关性。

例 6.8 数据文件同例 6.2。在例 6.2 操作基础之上，在 Linera Regression 对话窗口中，选择按钮 ***Statistics***，进入 ***Statistics*** 对话窗口；选择选项 ***Collinearity diagnostics***，确认。在输出窗口中得到表 6 - 10 和表 6 - 11。

表 6 - 10 **Coefficients**

Model		Unstandardized Coefficients		Standardized Coefficients	t	Sig.	Collinearity Statistics	
		B	Std. Error	Beta			Tolerance	VIF
1	（Constant）	4. 759	2. 915		1. 632	. 137		
	国民收入（百亿元）	. 631	. 192	1. 759	3. 283	. 009	. 011	90. 972
	工业产值（百亿元）	. 001	. 095	. 005	. 006	. 996	. 005	220. 316
	农业产值（百亿元）	- 1. 094	. 481	- 1. 016	- 2. 276	. 049	. 016	63. 163
	就业人数（百万人）	- . 007	. 004	- . 180	- 1. 814	. 103	. 320	3. 124
	固定资产（百亿元）	. 417	. 380	. 347	1. 099	. 300	. 032	31. 583

表 6 - 11 **Collinearity Diagnostics**

Mode	Dimension	Eigenvalue	Condition Index	Variance Proportions					
				Constnat	国民收入（百亿元）	工业产值（百亿元）	农业产值（百亿元）	就业人数（百万人）	固定资产（百亿元）
1	1	5. 878	1. 000	. 00	. 00	. 00	. 00	. 00	. 00
	2	. 114	7. 192	. 00	. 00	. 00	. 00	. 01	. 01

Mode Dimension	Eigenvalue	Condition Index	Variance Proportions					
			Constnat	国民收入（百亿元）	工业产值（百亿元）	农业产值（百亿元）	就业人数（百万人）	固定资产（百亿元）
3	.004	36.872	.01	.01	.03	.02	.02	.55
4	.003	41.237	.07	.00	.00	.01	.98	.02
5	.001	99.512	.00	.76	.03	.26	.00	.10
6	.000	153.199	.92	.23	.94	.71	.00	.32

表 6 - 10 显示，国民收入、工业产值、农业产值和固定资产有较大的 VIF 值，特别是国民收入、工业产值，这表明在某些变量之间存在着共线性。

表 6 - 11 中最大的条件指数达到了 153.199，表明在自变量间存在高度的共线性。同时，方差比例显示，共线性主要是发生在常数项、工业产值和农业产值之间。

6.7　点估计与区间估计

前已述及，假定回归模型为

$$Y = b_0 + b_1 X_1 + b_2 X_2 + \cdots + b_p X_p + \varepsilon$$

则由样本数据得到"最优"回归方程

$$\hat{Y} = \hat{b}_0 + \hat{b}_1 X_1 + \hat{b}_2 X_2 + \cdots + \hat{b}_p X_p \tag{6.14}$$

所谓点估计，就是在给定点 $(x_{01}, \cdots, x_{0p})$ 时，观察值 y_0 未知，且是随机变量，但可把给定点代入 (6.14) 式，计算出预测值（回归值）

$$\hat{y}_0 = \hat{b}_0 + \hat{b}_1 x_{01} + \hat{b}_2 x_{02} + \cdots + \hat{b}_p x_{0p}$$

作为 y_0 的点估计，且是最小方差线性无偏估计。

有了 y_0 的点估计，还想知道该估计的精度，也就是 y_0 的区间估计问题。即给定置信度 $1 - \alpha$，y_0 的置信区间如何？同样，可以讨论 $E(y_0)$ 的置信区间如何？

1. y_0 的置信区间

记

$$\boldsymbol{x}_0 = (1, x_{01}, x_{02}, \cdots, x_{0p})$$

则

$$\hat{y}_0 = \boldsymbol{x}_0 \hat{\boldsymbol{b}}$$

由 $\hat{\boldsymbol{b}}$ 的分布不难得到

$$\hat{y}_0 \sim N(\boldsymbol{x}_0 \boldsymbol{b}, \sigma^2 \boldsymbol{x}_0 (\boldsymbol{X}'\boldsymbol{X})^{-1} \boldsymbol{x}'_0)$$

$$y_0 - \hat{y}_0 \sim N(0, \sigma^2 (1 + \boldsymbol{x}_0 (\boldsymbol{X}'\boldsymbol{X})^{-1} \boldsymbol{x}'_0))$$

记统计量

$$t = \frac{y_0 - \hat{y}_0}{\hat{\sigma} \sqrt{1 + \boldsymbol{x}_0 (\boldsymbol{X}'\boldsymbol{X})^{-1} \boldsymbol{x}'_0}} \sim t(n - p - 1) \qquad (6.15)$$

在置信度 $1 - \alpha$ 下，由（6.15）式代入，查 t 分布表可得临界值 t_α，使

$$P\{|t| < t_\alpha\} = 1 - \alpha$$

即

$$P\{|y_0 - \hat{y}_0| < t_\alpha \hat{\sigma} \sqrt{1 + \boldsymbol{x}_0 (\boldsymbol{X}'\boldsymbol{X})^{-1} \boldsymbol{x}'_0}\} = 1 - \alpha$$

记 $d = t_\alpha \hat{\sigma} \sqrt{1 + \boldsymbol{x}_0 (\boldsymbol{X}'\boldsymbol{X})^{-1} \boldsymbol{x}'_0}$ 为预报半径，则在置信度 $1 - \alpha$ 下，y_0 的置信区间为 $[\hat{y}_0 - d, \hat{y}_0 + d]$。

例 6.9 数据文件同例 6.2。在例 6.2 操作基础之上，在 Linera Regression 对话窗口中，选择按钮 **Save**，进入 Statistics 对话窗口。为保留预测值，可选 Predicted Values 项内的选项 **Unstandardized** 和 **standardized**；为保留点估计的置信区间，选择 Prediction Intervals 项内的 **individual** 选项，并保留 95% 的置信度（Confidence Interval），然后确认。结果在数据编辑窗口中输出，如表 6-12 所示。

表 6-12　预测值与置信区间

No.	PRE_1	ZPR_1	LICI_1	UICI_1
1	4.87144	-0.82160	3.66426	6.07862
2	3.38513	-1.65389	2.36933	4.40094
3	3.03378	-1.85064	1.98205	4.08551
4	4.47060	-1.04607	3.49516	5.44603
5	5.75607	-0.32624	4.79188	6.72025
6	6.34083	0.00121	5.39596	7.28571
7	6.61264	0.15342	5.54415	7.68113
8	6.92649	0.32916	5.96731	7.88566
9	6.60804	0.15084	5.60973	7.60635
10	7.17341	0.46743	6.24572	8.10109
11	6.38247	0.02453	5.42687	7.33808
12	7.49859	0.64952	6.37701	8.62017
13	8.38122	1.14377	7.43350	9.32894
14	8.80990	1.38382	7.79000	9.82980
15	8.82939	1.39473	7.73613	9.92265

表 6-12 中，PRE_1 是非标准化预测值；ZPR_1 是标准化预测值；LICI_1 是预测值的 95% 置信区间的下限（Lower）；UICI_1 是预测值的 95% 置信区间的上限（Upper）。例如：样本 1 的非标准化预测值是 4.87144；标准化预测值是 -0.82160；置信区间是（3.66426，6.07862）。

2. $E(y_0)$ 的置信区间

有了 $\hat{y}_0$ 的分布，且 $E(y_0) = E(\hat{y}_0) = x_0 b$，则不难求出 $E(y_0)$ 的置信区间。记统计量

$$t = \frac{\hat{y}_0 - E(y_0)}{\hat{\sigma}\sqrt{x_0(X'X)^{-1}x'_0}} \sim t(n-p-1) \tag{6.16}$$

在置信度 $1-\alpha$ 下，由（6.16）式代入，查 t 分布表可得临界值 t_α，使

$$P\{|t| < t_\alpha\} = 1-\alpha$$

即

$$P\{|\hat{y}_0 - E(y_0)| < t_\alpha\hat{\sigma}\sqrt{x_0(X'X)^{-1}x'_0}\} = 1-\alpha$$

记 $d_1 = t_\alpha\hat{\sigma}\sqrt{x_0(X'X)^{-1}x'_0}$ 为预报半径，则在置信度 $1-\alpha$ 下，$E(y_0)$ 的置信区间为 $[\hat{y}_0 - d_1, \hat{y}_0 + d_1]$，显然 $d_1 < d$。

例 6.10 数据文件同例 6.2。在例 6.2 操作基础之上，在 Linera Regression 对话窗口中，选择按钮 **Save**，进入 Statistics 对话窗口。为保留均值的置信区间，选择 Prediction Intervals 项内的 **Mean** 选项，并保留 95% 的置信度（Confidence Interval），然后确认。结果在数据编辑窗口中输出，如表 6-13 所示。

表 6-13　均值置信区间

No.	LMCI_1	UMCI_1
1	4.02601	5.71688
2	2.84722	3.92305
3	2.43077	3.63679
4	4.01347	4.92772
5	5.32347	6.18866
6	5.95318	6.72848
7	5.98085	7.24443
8	6.50518	7.34779
9	6.10395	7.11213
10	6.82977	7.51704

No.	LMCI_1	UMCI_1
11	5.96935	6.79559
12	6.78066	8.21652
13	7.98669	8.77575
14	8.26430	9.35550
15	8.15655	9.50223

表 6-13 中，LMCI_1 是均值的 95% 置信区间的下限；UMCI_1 是均值的 95% 置信区间的上限（Upper）。例如：样本 1 的均值置信区间是（4.02601，5.71688）。

6.8 回归方程的优化

标准化回归方程是指对样本数据进行一定的预处理（标准化处理）后，用新的数据所计算的回归方程，该回归方程没有常数项。其目的是减少由于样本数据不一致所带来的计算误差，以便更能反映客观事实。下面是常用的数据预处理方法。

$$x_{ij}^* = \frac{x_{ij} - \bar{x}_j}{s_j}, \qquad y_i^* = \frac{y_i - \bar{y}}{s_y} \qquad (i = 1, 2, \cdots, n; \qquad j = 1, 2, \cdots, p)$$

$$\bar{x}_j = \frac{1}{n} \sum_{i=1}^n x_{ij}, \qquad \bar{y} = \frac{1}{n} \sum_{i=1}^n y_i$$

$$s_j^2 = \frac{1}{n-1} \sum_{i=1}^n (x_{ij} - \bar{x}_j)^2, \qquad s_y^2 = \frac{1}{n-1} \sum_{i=1}^n (y_i - \bar{y})^2$$

本节主要讨论在给定的显著性水平下，建立一个所有自变量都显著的回归方程的不同方法。对话框 Linear Regession 中的 Method 是选择回归方法的命令，它为我们提供了五个建立回归方程的方法：Enter（系统默认的方法）；Stepwise；Forward；Backward；Remove。为区别以下的方法，称 Enter 方法为强制变量进入法。

1. 向前选择变量法

Forward 方法也称向前选择变量法，它的工作过程是：

第一步：计算 p 个自变量与因变量的相关系数。尽量选择相关系数绝对值最大者与因变量建立回归方程，且其回归系数是显著的，不妨设入选的是自变量 X_1。

第二步：计算未入选的自变量与因变量的偏相关系数（控制变量是已选

入变量，如 X_1），尽量选择偏相关系数绝对值最大者与已入选变量建立回归方程，且其回归系数是显著的，不妨设入选的是自变量 X_2。

以下步骤与上相同，直到剩下的自变量中没有一个可作为选入变量为止，最后的方程即所求。

例 6.11 打开数据文件例 6 - 11。该文件是某种水泥在凝固时放出的热量 Y(卡/克) 与 4 种化学成分（百分比）：$X_1(3CaO \cdot Al_2O_3)$，$X_2(3CaO \cdot SiO_2)$，$X_3(4CaO \cdot Al_2O_3 \cdot Fe_2O_3)$，$X_4(2CaO \cdot SiO_2)$。用 Forward 方法建立回归方程。

选择菜单 *Analyze→Regression→Linear*，选 y 作因变量（Dependent），其他变量作自变量（Independent）；在 Method 下拉列表框中选择 *Forward*，其他选项默认。表 6 - 14 所示为该回归方程变量选择表，表 6 - 15 所示为回归方程系数表，表 6 - 16 所示为排除变量表。

表 6 - 14 **Variables Entered/Removed**

Model	Variables Entered	Variables Removed	Method
1	x4	.	Forward (Criterion：Probabilit y- of- F- to- enter- < = .050)
2	x1	.	Forward (Criterion：Probabilit y- of- F- to- enter < = .050)

表 6 - 15 **Coefficients**

Model		Unstandardized Coefficients		Standardized Coefficients	t	Sig.
		B	Std. Error	Beta		
1	(Constant)	117. 568	5. 262		22. 342	. 000
	x4	-. 738	. 155	-. 821	-4. 775	. 001
2	(Constant)	103. 097	2. 124		48. 540	. 000
	x4	-. 614	. 049	-. 683	-12. 621	. 000
	x1	1. 440	. 138	. 563	10. 403	. 000

表 6 - 16　Excluded Variables

Model		Beta In	t	Sig.	Partial Correlation	Collinearity Statistics
						Tolerance
1	x1	.563	10.403	.000	.957	.940
	x2	.322	.415	.687	.130	.053
	x3	-.511	-6.348	.000	-.895	.999
2	x2	.430	2.242	.052	.599	.053
	x3	-.175	-.058	.070	-.566	.289

表 6 - 14 中，按照显著性水平 0.05 的标准，进入 2 个变量，依次建立模型 1 和模型 2 两个回归模型。表 6 - 15 是两个回归方程的系数表；表 6 - 16 所示为未入选变量与已有回归变量的偏相关系数和其入选后的显著性概率。对于模型 1，排除变量是 X_1、X_2 和 X_3，但 X_1 符合选入变量的条件，因而进入回归方程，成为模型 2。对于模型 2，排除变量是 X_2 和 X_3，由于进入回归方程后，其系数均表现为不显著，所以不符合选入变量的条件，因而无变量进入回归方程，向前选择变量法模型到此结束。

2. 向后淘汰变量法（Backward）

Backward 方法也称向后淘汰变量法，与向前选择变量法相反，它的工作过程是：

第一步：用 Enter 法建立一个 p 元回归方程。在不显著（大于显著性水平）的变量中，选择与因变量偏相关系数最小的变量剔除。

第二步：用余下的变量重新建立一个回归方程。

以下步骤与上相同，每一步都将方程中偏相关系数最小且不显著的自变量剔除，直到方程中没有不显著的自变量为止。

例 6.12　数据文件同例 6.11，用 Backward 方法建立回归方程。

选择菜单 *Analyze→Regression→Linear*，选 y 作因变量（Dependent），其他变量作自变量（Independent）；在 Method 下拉列表框中选择 *Backward*，其他选项默认。表 6 - 17 所示为该回归方程变量选择表，表 6 - 18 所示为回归方程系数表，表 6 - 19 所示为排除变量表。

表 6 −17　Variables Entered/Removed

Model	Variables Entered	Variables Removed	Method
1	x4，x3，x1 x2		Enter
2		.	Backward（criterion：Probability of F‐to‐remove > =.100）.
		x3	
3		x4	Backward（criterion：Probability of F‐to‐remove > =.100）.

表 6 – 17 中，首先用 Enter 法建立回归模型 1；然后按照淘汰变量标准（显著性水平 0.1）建立模型 2 和模型 3。表 6 – 18 所示为 3 个回归方程的系数和显著性概率值；表 6 – 19 所示为淘汰变量偏相关系数和显著性概率。对于模型 1，排除变量是 x_3；对于模型 2，排除变量是 x_4；对于模型 3，无符合条件的淘汰变量因而无变量从回归方程中剔除，向后淘汰变量法模型到此结束。

表 6 – 18　Coefficients

Model		Unstandardized Coefficients		Standardized Coefficients	t	Sig.
		B	Std. Error	Beta		
1	（Constant）	62. 405	70. 071		.891	.399
	x1	1. 551	.745	.607	2. 083	.071
	x2	.510	.724	.528	.705	.501
	x3	.102	.755	.043	.135	.896
	x4	− .144	.709	− .160	− .203	.844

Model		Unstandardized Coefficients		Standardized Coefficients	t	Sig.
		B	Std. Error	Beta		
2	(Constant)	71. 648	14. 142		5. 066	. 001
	x1	1. 452	. 117	. 568	12. 410	. 000
	x2	. 416	. 186	. 430	2. 242	. 052
	x4	− . 237	. 173	− . 263	− 1. 365	. 205
3	(Constant)	52. 577	2. 286		22. 998	. 000
	x1	1. 468	. 121	. 574	12. 105	. 000
	x2	. 662	. 046	. 685	14. 442	. 000

表 6 − 19　Excluded Variables

Model		Beta In	t	Sig.	Partial Correlation	Collinearity Statistics Tolerance
2	x3	. 043	. 135	. 896	. 048	. 021
3	x3	. 106	1. 354	. 209	. 411	. 318
	x4	− . 263	− 1. 365	. 205	− . 414	. 053

3. 逐步回归法 (Stepwise)

　　向前选择变量法有一个明显的缺点，就是由于自变量之间的共线性，可能引起后续变量的选入造成前面已选入变量变得不再重要的问题。这样最后的回归方程中可能包含一些对 Y 影响不大的自变量。

　　向后淘汰变量法的缺点：一是计算量大，可能远大于向前选择变量法；二是前面剔除的变量有可能因以后变量的剔除而变为重要的变量。这样最后的回归方程中可能漏掉相对重要的变量。

　　为避免以上两种方法的缺点，综合向前选择变量法和向后淘汰变量法交替进行，建立回归方程，就产生了逐步回归法。若被选入的变量在新的变量引入后，变得不显著了，可以被剔除。被剔除过的变量由于新变量的引入，而重新满足引入条件后，可将它再次选入回归方程。这种以向前选择变量法为主，变量可进可出的筛选方法，称为逐步回归法 (Forward Stepwise)。

例 6.13 数据文件同例 6.11，用 Stepwise 方法建立回归方程。

选择菜单 ***Analyze→Regression→Linear***，选 y 作因变量（Dependent），其他变量作自变量（Independent）；在 Method 下拉列表框中选择 ***Stepwise***，其他选项默认。表 6-20 所示为该回归方程变量选择表，其结果与向前选择变量法一样，这里不再说明。

表 6-20   **Variables Entered/Removed**

Model	Variables Entered	Variables Removed	Method
1	x4		Stepwise (Criteria : Probabilit y-of- F-to-enter < =.050, Probabilit y-of- F-to-remo ve > =. 100) .
2	x1		Stepwise (Criteria : Probabilit y-of- F-to-enter < =.050, Probabilit y-of- F-to-remo ve > =. 100) .

6.9   曲线回归

在有些情况下，虽然变量 Y 与 X 不是线性关系，但它们之间的非线性函数形式，可通过其他途径猜测或知道。对这类不满足线性关系的回归问题，可以通过函数变换，使其化为线性回归。待求出线性回归方程后，再转化为回归曲线。下面是一些常用的非线性函数。

1. 二次曲线（Quadratic）

$$y = b_0 + b_1x + b_2x^2$$

2. 三次曲线（Cubic）

$$y = b_0 + b_1x + b_2x^2 + b_3x^3$$

3. 混合曲线（Compound）

$$y = b_0 \times b_1^x$$
$$\ln y = \ln b_0 + x\ln b_1$$

4. 指数曲线（Exponential）

$$y = b_0 e^{b_1x}$$
$$\ln y = \ln b_0 + b_1 x$$

5. 对数曲线（Logarithmic）

$$y = b_0 + b_1\ln x$$

6. 倒数曲线（Inverse）

$$y = b_0 + b_1 x^{-1}$$

7. 幂函数曲线（Power）

$$y = b_0 x^{b_1}$$
$$\ln y = \ln b_0 + b_1 \ln x$$

8. 生长曲线（Growth）

$$y = \exp(b_0 + b_1 x^{-1})$$
$$\ln y = b_0 + b_1 x^{-1}$$

例 6.14 打开数据文件例 6 – 14，该文件是红铃虫产卵数 Y 和温度 X 关系的样本数据。

选择菜单 *Analyze → Regression → Curver Estimation*，选 y 作因变量（Dependent），x 作自变量（Independent）；在 Models 选项框中选择 **Quadratic**，**Cubic**，**Compound**，**Exponential**，**Logarithmic**，**Inverse**，**Power**，**Growth**，为便于对比，再选择 **Linear**，其他选项默认。表 6 – 21 是 9 个回归方程的结果，图6 –3所示为拟合曲线。从两项结果不难看出生长曲线和指数曲线，以及

幂函数曲线拟合得较好。

表 6 – 21　曲线回归

Dependent	Mth	Rsq	d. f.	F	Sigf	b0	b1	b2	b3
y	LIN	0.746	5	14.71	0.012	– 463.73	19.8704		
y	LOG	0.685	5	10.88	0.022	– 1641.8	522.524		
y	INV	0.621	5	8.20	0.035	581.660	– 13346		
y	QUA	0.959	4	47.04	0.002	1482.07	– 123.06	2.5530	
y	CUB	0.971	4	65.86	0.001	391.502	0	– 1.9955	0.0551
y	COM	0.985	5	333.87	0.000	0.0213	1.3126		
y	POW	0.972	5	176.03	0.000	8.8E – 10	7.4172		
y	GRO	0.985	5	333.87	0.000	– 3.8492	0.2720		
y	EXP	0.985	5	333.87	0.000	0.0213	0.2720		

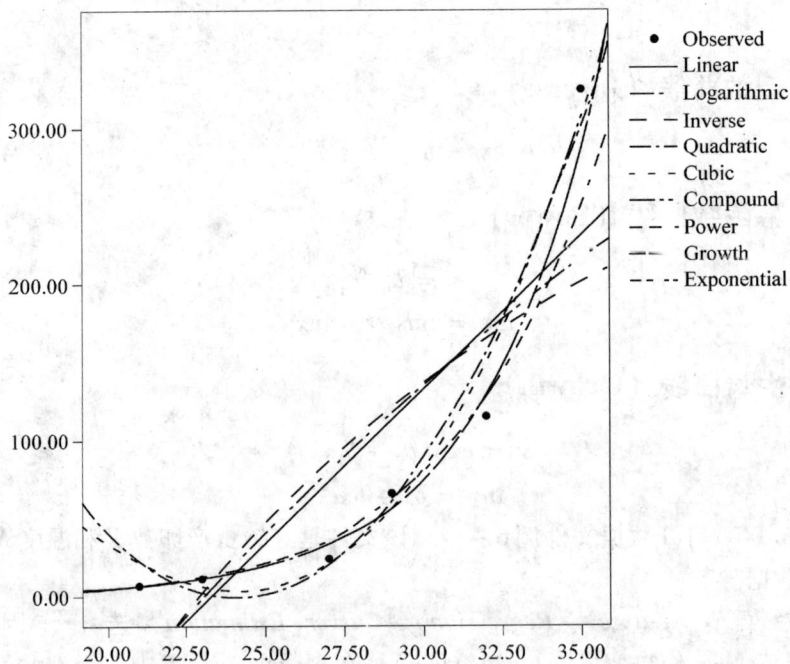

图 6 – 3　拟合曲线

习　　题

1. 数据文件：《财政收入》

（1）用 Enter 方法，对序号为 1～15 的观察值，建立因变量 y 对于自变量 x_1、x_2、x_3、x_4、x_5 的非标准化线性回归方程。

（2）在 0.01 的显著性水平下，回归方程是否显著？

（3）在 0.1 的显著性水平下，哪些自变量是不显著的？在 0.2 的显著性水平下呢？

（4）用所得回归方程预测序号为 16 的观察值的因变量 y 的值。

2. 数据文件：《财政收入》

（1）用 Backward 方法，对序号为 1～15 的观察值，建立因变量 y 对于自变量 x_1、x_2、x_3、x_4、x_5 的非标准化线性回归方程。

（2）在 0.01 的显著性水平下，所得的回归方程是否都显著？

（3）在 0.2 的显著性水平下，哪些方程的自变量都显著？显著性水平为 0.15、0.05 呢？

3. 数据文件：《财政收入》

（1）用 Stepwise 方法，对序号为 1～15 的观察值，建立因变量 y 对于自变量 x_1、x_2、x_3、x_4、x_5 的非标准化线性回归方程。

（2）为了以 95% 的把握保证不超支，试审查序号为 16 代表的地区提出的 9 百亿元的支出计划是否可行？

4. 数据文件：《某夏季商品销售预测》

（1）用 Enter 方法，建立销售量 y 对于人口数 x_1、人均年收入 x_2 和高温天数 x_3 的非标准化线性回归方程。

（2）在 0.05 的显著性水平下，讨论自变量 x_1、x_2、和 x_3，哪些的共线性现象显著？将这一结果，对照这三个自变量的容限（tolerance），能得到什么结论？

（3）讨论残差项的独立性。

5. 数据文件：《住房贷款申请》

该文件的业主编号 1～11 记录了 11 处房产的有关数据。试根据这些数据，用回归的方法，在 0.1 的显著性水平下，判断第 12 号业主用房产抵押贷款 15 万元是否可行？

第7章 聚类分析

聚类分析就是依据事物对象的一些特征，把特性相近的个体或指标归为一类。类即指相似元素的集合。

聚类的主要含义是针对的分析对象事先并不知道应分为几类，更不知道观测样本的具体分类情况，而选定一种度量个体接近程度的统计量、确定分类数目、按照一定的分类方法对分析对象给出合理的分类是聚类分析的任务，亦称为无监督聚类。

在聚类分析中，个体被称为样品，它表示事物对象；指标被称为变量，它表示对象的属性。与此相应，就有两类聚类方法：其一是对样品进行的 Q 型聚类；其二是对变量进行的 R 型聚类。

属性由一组变量代表，把它用一个 p 维向量表示：$X = (X_1, \cdots, X_p)$；每个观察值 $x = (x_1, \cdots, x_p)$ 就成为一个 p 维点。聚类过程中，两个观察对象 x_i 和 x_j 性质的"差异"程度由它们之间的距离 d_{ij} 来度量。

Q 型聚类有系统（层次）聚类法、K－均值聚类法（快速聚类法）等多种聚类方法。

在 R 型聚类中，把变量作为分类对象。这种聚类用在变量数目比较多，而且相关性比较强的情形。目的是将性质相近的变量聚为同一个类，从中找出代表性变量。

7.1 距离与相似系数

距离和相似系数是度量样品近似程度常用的统计量。下面是一个用最小绝对值距离的系统聚类的例子。

例 7.1 设有 6 个样品，样品指标只有 1 个，样品观察值分别是 1、2、5、7、9、10，试分析聚类过程。

第一步：每个观察值作为一类，共分成 6 类如下

$G_1 = \{1\}, G_2 = \{2\}, G_3 = \{5\}, G_4 = \{7\}, G_5 = \{9\}, G_6 = \{10\}$

第二步：计算类间距离如下

	G_1	G_2	G_3	G_4	G_5	G_6
G_2	1					
G_3	4	3				
G_4	6	5	2			
G_5	8	7	4	2		
G_6	9	8	5	3	1	

最小距离是：$d_{12} = d_{56} = 1$；合并类 $G_7 = G_1 \cup G_2$，$G_8 = G_5 \cup G_6$。

第三步：重新计算距离

	G_7	G_3	G_4
G_3	3		
G_4	5	2	
G_8	7	4	2

最小距离是：$d_{34} = d_{48} = 2$；合并类 $G_9 = G_3 \cup G_4 \cup G_8$。

第四步：重新计算距离

	G_7		
G_9	3		

合并类 $G_{10} = G_7 \cup G_9 = \{1, 2, 5, 7, 9, 10\}$。聚类过程结束。

由此看来，距离是聚类的基本要素。实际上，距离有很多种，对于观察值 $x_i = (x_{i1}, \cdots, x_{ip})(i = 1, \cdots, n)$ 来说，两个样品 x_i 和 x_j 之间的度量 d_{ij} 只要满足以下 3 点，皆可称为距离。

（1）非负性：$d_{ij} \geq 0$，$d_{ij} = 0 \Leftrightarrow i = j$；

（2）对称性：$d_{ij} = d_{ji}$；

（3）三角不等式：$d_{ij} \leq d_{ik} + d_{kj}$。

1. 绝对值距离（Block）

$$d_{ij} = \sum_{k=1}^{p} |x_{ik} - x_{jk}| \qquad (7.1)$$

2. 欧氏距离（Euclidian）

$$d_{ij} = \sqrt{\sum_{k=1}^{p} (x_{ik} - x_{jk})^2} \tag{7.2}$$

欧氏距离是聚类分析中用得比较广泛的距离。但由于量纲的不同，使得某些指标在距离中的作用被削弱，因而距离"失真"。解决的办法是变量标准化。

3. 平方欧氏距离（Squared Euclidian）

$$d_{ij} = \sum_{k=1}^{p} (x_{ik} - x_{jk})^2 \tag{7.3}$$

4. 闵可夫斯基距离（Minkowski）

$$d_{ij}(q) = \left(\sum_{k=1}^{p} |x_{ik} - x_{jk}|^q \right)^{1/q} \tag{7.4}$$

其中，参数 $q > 0$。不难看出，绝对值距离、欧氏距离都是其特例。

5. 切比雪夫距离（Chebyshev）

$$d_{ij} = \max_{1 \le k \le p} |x_{ik} - x_{jk}| \tag{7.5}$$

6. 马氏距离（Mahalanobis）

$$d_{ij} = (x_i - x_j)' S^{-1} (x_i - x_j) \tag{7.6}$$

其中，S^{-1} 是样本协方差阵的逆矩阵。

从以上几种距离的定义可看出，距离越小，样品的接近程度越高。下面的相似系数可用于衡量变量间的亲疏程度。不过，与距离相反，相似系数越大，变量间的接近程度越高。

7. 夹交余弦（Cosine）

$$r_{ij} = \cos(\theta_{ij}) = \frac{\sum_{k=1}^{n} x_{ki} x_{kj}}{\sqrt{\sum_{k=1}^{n} x_{ki}^2} \sqrt{\sum_{k=1}^{n} x_{kj}^2}} \tag{7.7}$$

8. 皮尔逊相似系数（Pearson）

$$r_{ij} = \frac{\sum_{k=1}^{n} (x_{ki} - \bar{x}_i)(x_{kj} - \bar{x}_j)}{\sqrt{\sum_{k=1}^{n} (x_{ki} - \bar{x}_i)^2} \sqrt{\sum_{k=1}^{n} (x_{kj} - \bar{x}_j)^2}}$$

$$\bar{x}_i = \frac{1}{n} \sum_{k=1}^{n} x_{ki}, \qquad \bar{x}_j = \frac{1}{n} \sum_{k=1}^{n} x_{kj} \tag{7.8}$$

从上式可看出，相似系数就是数据标准化后的夹交余弦。

7.2 数据标准化

通过上面距离的定义可看出，变量的量纲不同，观察值的数量级相差悬殊，因而会导致变量在距离中的作用不均衡，进而对聚类产生"厚此薄彼"的影响。因此聚类前往往要将数据标准化，标准化后的数据是无量纲的。

设 $x_i = (x_{i1}, \cdots, x_{ip})'(i = 1, \cdots, n)$ 是总体 $X = (X_1, \cdots, X_p)'$ 的容量为 n 的样本观察值，记

$$R_j = \max_{1 \leqslant i \leqslant n} \{x_{ij}\} - \min_{1 \leqslant i \leqslant n} \{x_{ij}\} \qquad (j = 1, \cdots, p)$$

为列极差；记

$$\bar{x}_j = \frac{1}{n} \sum_{i=1}^{n} x_{ij} \qquad (j = 1, \cdots, p)$$

为列均值；记

$$s_j = \sqrt{\frac{1}{n-1} \sum_{i=1}^{n} (x_{ij} - \bar{x}_j)^2} \qquad (j = 1, \cdots, p)$$

为列标准差。

1. 中心化

$$x_{ij}^* = x_{ij} - \bar{x}_j \qquad (i = 1, \cdots, n; \ j = 1, \cdots, p) \qquad (7.9)$$

中心化后的数据均值为 0。

2. 平均化 (Mean of 1)

$$x_{ij}^* = \frac{x_{ij}}{\bar{x}_j} \qquad (i = 1, \cdots, n; \ j = 1, \cdots, p) \qquad (7.10)$$

平均化后的数据均值为 1。

3. 极大化 (Maximum magnitude of 1)

$$x_{ij}^* = \frac{x_{ij}}{\max\limits_{1 \leqslant k \leqslant n} \{x_{kj}\}} \qquad (i = 1, \cdots, n; \ j = 1, \cdots, p) \qquad (7.11)$$

极大化后的数据最大值为 1。

4. 极差正规化 (Range 0 to 1)

$$x_{ij}^* = \frac{x_{ij} - \min\limits_{1 \leqslant k \leqslant n} \{x_{kj}\}}{R_j} \qquad (i = 1, \cdots, n; \ j = 1, \cdots, p) \qquad (7.12)$$

极差正规化后的数据极差为 1，且 $0 \leqslant x_{ij}^* \leqslant 1$。

5. 标准标准化（Z scores）

$$x_{ij}^* = \frac{x_{ij} - \bar{x}_j}{s_j} \qquad (i = 1, \cdots, n; \quad j = 1, \cdots, p) \qquad (7.13)$$

标准化后的数据均值为 0，标准差为 1。

6. 极差标准化（Range −1 to 1）

$$x_{ij}^* = \frac{x_{ij} - \bar{x}_j}{R_j} \qquad (i = 1, \cdots, n; \quad j = 1, \cdots, p) \qquad (7.14)$$

极差标准化后的数据均值为 0，极差为 1，且 $-1 < x_{ij}^* < 1$。

7. 标准差标准化（Standard deviation of 1）

$$x_{ij}^* = \frac{x_{ij}}{s_j} \qquad (i = 1, \cdots, n; \quad j = 1, \cdots, p) \qquad (7.15)$$

标准差标准化后的数据标准差为 1。

7.3 类间距离

在系统聚类中，聚类原则取决于样品间的距离及类间距离的定义，不同的类间距离定义就产生了不同的系统聚类方法。

设有类 G_a 和 G_b，用 $D(a, b)$ 表示这两类之间的距离，以下是一些类间距离的定义。

1. 平均距离

以两类中所有样品之间的距离的平均值为类间距离，或以样品之间的平方距离的平均值为类间平方距离。

$$D(a,b) = \frac{1}{n_a n_b} \sum_{x_i \in G_a} \sum_{x_j \in G_b} d_{ij} \qquad (|G_a| = n_a; |G_b| = n_b) \qquad (7.16)$$

$$D^2(a,b) = \frac{1}{n_a n_b} \sum_{x_i \in G_a} \sum_{x_j \in G_b} d_{ij}^2 \qquad (|G_a| = n_a; |G_b| = n_b) \qquad (7.17)$$

2. 最短距离

以两类中最近样品之间的距离为类间距离。

$$D(a,b) = \min\{d_{ij} \mid x_i \in G_a, \quad x_j \in G_b\} \qquad (7.18)$$

3. 最长距离

以两类中最远样品之间的距离为类间距离。

$$D(a,b) = \max\{d_{ij} \mid x_i \in G_a, \qquad x_j \in G_b\} \tag{7.19}$$

4. 重心距离

以两类重心之间的距离为类间距离，重心就是一类中样品的平均值。记重心

$$\bar{x}_a = \frac{1}{n_a}\sum_{x_i \in G_a} x_i; \qquad \bar{x}_b = \frac{1}{n_b}\sum_{x_j \in G_b} x_j$$

若用分量表示就是

$$\bar{x}_a = (\bar{x}_1^{(a)}, \cdots, \bar{x}_p^{(a)})'; \qquad \bar{x}_b = (\bar{x}_1^{(b)}, \cdots, \bar{x}_p^{(b)})'$$

$$\bar{x}_k^{(a)} = \frac{1}{n_a}\sum_{x_i \in G_a} x_{ik} \qquad (k = 1, \cdots, p)$$

$$\bar{x}_k^{(b)} = \frac{1}{n_b}\sum_{x_j \in G_b} x_{jk} \qquad (k = 1, \cdots, p)$$

则

$$D(a,b) = d_{\bar{x}_a \bar{x}_b} \tag{7.20}$$

一般来说，重心之间的距离可由欧氏距离计算而来。

5. 离差平方和距离

以两类合并后增加的离差平方和为类间的平方距离。首先定义类的离差平方和为

$$D_a = \sum_{x_i \in G_a} (x_i - \bar{x}_a)'(x_i - \bar{x}_a)$$

$$D_b = \sum_{x_j \in G_b} (x_j - \bar{x}_b)'(x_j - \bar{x}_b)$$

记 $G_c = G_a \cup G_b$，D_c 为 G_c 的离差平方和。则定义类间的平方距离为

$$D^2(a,b) = D_c - (D_a + D_b) \tag{7.21}$$

实际上，若样品间距离采用欧氏距离计算，则离差平方和距离与重心距离只相差一个常数倍。因为此时

$$D^2(a,b) = \frac{n_a n_b}{n_c} d^2_{\bar{x}_a \bar{x}_b}$$

7.4 系统聚类法

系统聚类法的思想是：根据已定义的样品间的距离和类间距离，首先将 n 个样品各自成一类；其次将距离最近的两类合并；然后计算新类与其他类之间

的距离，再按最小距离原则合并类。这样每次至少减少一类，直到所有样品合并成一类为止。

1. 组间平均距离法（Between-Groups Linkage）

使用平均距离计算类间距离，使得合并的新类与其他类有最小的类间距离，这也是 SPSS 系统默认的方法。设类 G_a 与 G_b 合并为新类 $G_c = G_a \cup G_b$，且 $n_c = n_a + n_b$，则类 G_c 与其他类 G_k 之间距离的递推公式为

$$D(c,k) = \frac{n_a}{n_c}D(a,k) + \frac{n_b}{n_c}D(b,k) \tag{7.22}$$

或

$$D^2(c,k) = \frac{n_a}{n_c}D^2(a,k) + \frac{n_b}{n_c}D^2(b,k) \tag{7.23}$$

2. 组内平均距离法（Within-Groups Linkage）

使用类内所有样品距离的平均值作为组内平均距离，新类产生的原则是组内平均距离最小。记

$$D_a = \frac{1}{n_a(n_a - 1)}\sum_{i,j \in G_a; i \neq j} d_{ij}$$

$$D_b = \frac{1}{n_b(n_b - 1)}\sum_{i,j \in G_b; i \neq j} d_{ij}$$

设类 G_a 与 G_b 合并为新类 $G_c = G_a \cup G_b$，且 $n_c = n_a + n_b$，则类 G_c 的组内平均距离的递推公式为

$$D_c = \frac{n_a(n_a - 1)}{n_c(n_c - 1)}D_a + \frac{n_b(n_b - 1)}{n_c(n_c - 1)}D_b + \frac{n_a n_b}{n_c(n_c - 1)}D(a,b) \tag{7.24}$$

其中，$D(a, b)$ 是（7.16）式定义的平均距离。

3. 最短距离法（Nearest Neighbor）

使用最短距离计算类间距离，使得合并的新类与其他类有最小的类间距离。设类 G_a 与 G_b 合并为新类 $G_c = G_a \cup G_b$，且 $n_c = n_a + n_b$，则类 G_c 与其他类 G_k 之间距离的递推公式为

$$D(c,k) = \min\{D(a,k), D(b,k)\} \tag{7.25}$$

4. 最长距离法（Furthest Neighbor）

使用最长距离计算类间距离，使得合并的新类与其他类有最小的类间距离。设类 G_a 与 G_b 合并为新类 $G_c = G_a \cup G_b$，且 $n_c = n_a + n_b$，则类 G_c 与其他类 G_k 之间距离的递推公式为

$$D(c,k) = \max\{D(a,k), D(b,k)\} \qquad (7.26)$$

5. 重心法（Centroid Clustering）

使用重心距离计算类间距离，使得合并的新类与其他类有最小的类间距离。设类 G_a 与 G_b 合并为新类 $G_c = G_a \cup G_b$，且 $n_c = n_a + n_b$，则类 G_c 的重心为

$$\bar{x}_c = \frac{1}{n_c}(n_a \bar{x}_a + n_b \bar{x}_b)$$

类 G_c 与其他类 G_k 之间距离的递推公式为

$$D(c,k) = d_{\bar{x}_c \bar{x}_k} \qquad (7.27)$$

若使用欧氏距离来计算重心之间的距离，则（7.27）式具体为

$$D^2(c,k) = \frac{n_a}{n_c}D^2(a,k) + \frac{n_b}{n_c}D^2(b,k) - \frac{n_a}{n_c}\frac{n_b}{n_c}D^2(a,b) \qquad (7.28)$$

6. 离差平方和法（Ward）

使用离差平方和计算类间距离，使得合并的新类与其他类有最小的类间距离。设类 G_a 与 G_b 合并为新类 $G_c = G_a \cup G_b$，且 $n_c = n_a + n_b$，则类 G_c 与其他类 G_k 之间距离的递推公式为

$$D^2(c,k) = \frac{n_a + n_k}{n_c + n_k}D^2(a,k) + \frac{n_b + n_k}{n_c + n_k}D^2(b,k) - \frac{n_k}{n_c + n_k}D^2(a,b) \qquad (7.29)$$

例 7.2 打开数据文件例 7－1，样本数据如表 7－1 所示。该文件给出了中国、美国等 21 个国家的森林面积（x）、森林覆盖率（y）、林木蓄积量（z）、草原面积（w）共四项指标数据，每个国家的资料用一个四维向量（x，y，z，w）来表示。试根据这些资料，对文件中的 21 个国家分类。

表 7－1　样本数据

No.	country	x	y	z	w
1	中国	11978	13	94	31908
2	美国	28446	30	202	23754
3	日本	2501	67	25	58
⋮	⋮	⋮	⋮	⋮	⋮
20	墨西哥	4850	25	33	7450
21	巴西	57500	68	238	15900

选择菜单 *Analyze→Classify→Hierarchical Cluster*，打开 Hierarchical Cluster Analysis 对话框，将变量**国家名称**送入 Label Cases；将其余变量送入 Variables；单击 *Statistics* 按钮，在 Cluster Membership 一栏中，选择 *Single solution* 或 *Range of solutions*。

（1）若选择 *Single of solution*，则应在其后的空格中填入一个正整数，这个正整数是合并后的类数。在本例中，填入3，则分为3类。

（2）若选择 *Range of solutions*，则应在其后的两个空格中各填一个正整数，后面的数应大于前面的数，例如填入2、5，表示结果要分为2、3、4、5类四种不同结果。

单击 *Method* 按钮，在 Transform Values 一栏中，将 Standardized 列表框拉开，选择 *Z scores*；单击 *Plots* 按钮，选择 *Dendrogram*（谱系聚类图）；返回主对话框，单击 *Save* 按钮，在 Save 子对话框中，做与 Cluster Membership 中相同的选择；返回主对话框，单击 *OK* 按钮，即得结果输出。

表7-2所示为一张聚类过程表，选用的是标准化数据、平方欧氏距离和组间平均距离法的类间距离。表中的 Stage 表示步骤，Cluster Combined 表示被合并的类。例如，Stage 1 是把7号观察值与15号观察值合并，合并后的新类用 Cluster 1，即7命名。Coefficients 则为被合并的两个类之间的距离或相似系数值。Stage Cluster First Appears 则表示被合并的两个类是否原始类，如果是，则记为0；如果不是，则记它上一次被合并的步骤号。例如，Stage 4 由第4类与第12类合并为新4类，在 Stage Cluster First Appears 中 Cluster 1 为3，表示第4类不是原始类，而是在 Stage 3 中生成的新类；Cluster 2 为0，表示第12类是原始类。最后的 Next Stage 则表示这一步合并得到的新类，下一次在哪一步出现。例如 Stage 9 合并得到的新类4，下一次将在 Stage 11 出现。

表7-2 Agglomeration Schedule

Stage	Cluster Combined		Coefficients	Stage Cluster First Appears		Next Stage
	Cluster1	Cluster2		Cluster1	Cluster2	
1	7	15	4580. 650	0	0	6
2	11	16	6395. 170	0	0	5
3	4	14	11551. 170	0	0	4
4	4	12	61130. 685	3	0	6
5	11	13	72812. 905	2	0	7
6	4	7	114992. 105	4	1	7
7	4	11	410706. 019	6	5	9
8	6	18	532624. 580	0	0	10
9	4	5	871022. 475	7	0	11
10	6	19	959232. 110	8	0	11
11	4	6	2810959. 03	9	10	12

Stage	Cluster Combined		Coefficients	Stage Cluster First Appears		Next Stage
	Cluster1	Cluster2		Cluster1	Cluster2	
12	3	4	3764010.61	0	11	13
13	3	17	34176880.9	12	0	14
14	3	20	60118208.2	13	0	18
15	1	9	178051699	0	0	18
16	2	8	473998140	0	0	17
17	2	21	853922083	16	0	19
18	1	3	1.54E+009	15	14	19
19	1	2	1.83E+009	18	17	20
20	1	10	8.30E+009	19	0	0

表 7-3 是聚类结果，表中记录了每个国家属于哪一个类。从结果可看出，大部分国家属于同一类（类 1），显然，这些国家的绿化程度是有很大差别的。造成这种情况的部分原因可能是分成 3 类的区别度不高，因此，可试分成 4 类、5 类看其分类效果。另外，由于操作时选择了 Save，所以在数据文件中系统已经自动添加了一个结果变量 CLU3_1，其中也记录了分类结果。

表 7-3　Cluster Membership

No.	Case	3 Clusters	No.	Case	3 Clusters
1	中国	1	12	波兰	1
2	美国	2	13	匈牙利	1
3	日本	1	14	南斯拉夫	1
4	德国	1	15	罗马尼亚	1
5	英国	1	16	保加利亚	1
6	法国	1	17	印度	1
7	意大利	1	18	印尼	1
8	加拿大	2	19	尼日利亚	1
9	澳大利亚	1	20	墨西哥	1
10	苏联	3	21	巴西	2
11	捷克	1			

图 7-1 所示为系统聚类法的聚类谱系图（Dendrogram），图中连线表示的是类间的距离，以比例尺方式对实际距离进行缩放。该图只反映样品间的亲疏关系，而并没有给出分类。按照给定临界值（距离），从比例尺上纵向画一直线，看出分类数目及各类成员。

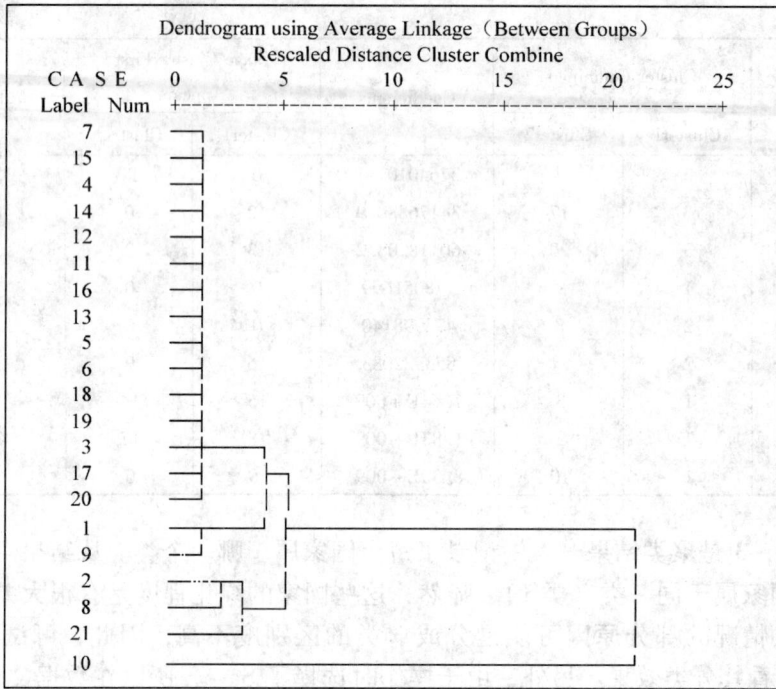

图 7 – 1 Dendrogram

　　如果到此为止，上述分类难有什么实际用途。还必须表示出这三个类的差异之处。为此，运用 *Means*，在对话框中，把 4 个聚类变量输入 Dependent List，把 Clu3_1 输入 Independent List，单击 *Options*，在其对话框的 Cell Statistics 中保留 4 个统计量：Mean、Number of Cases、Minimum、Maximum。返回，得到输出表 7 – 4，读者可试解释这三类地区都代表什么发展水平。

表 7 – 4 Report

Average Linkage (Between Groups)		森林面积（万公顷）	森林覆盖率（%）	林木蓄积量（亿立米）	草原面积（万公顷）
1	Mean	2777. 24	29. 547	18. 118	5566. 65
	N	17	17	17	17
	Minimum	161	8. 6	. 8	58
	Maximum	11978	84. 0	93. 5	45190
2	Mean	39519. 67	43. 567	210. 933	14013. 00
	N	3	3	3	3
	Minimum	28446	30. 4	192. 8	2385
	Maximum	57500	67. 6	238. 0	23754

Average Linkage (Between Groups)		森林面积（万公顷）	森林覆盖率（%）	林木蓄积量（亿立米）	草原面积（万公顷）
3	Mean	92000.00	41.100	841.500	37370.00
	N	1	1	1	1
	Minimum	92000	41.1	841.5	37370
	Maximum	92000	41.1	841.5	37370
Total	Mean	12274.86	32.100	84.871	8287.71
	N	21	21	21	21
	Minimum	161	8.6	.8	58
	Maximum	92000	84.0	841.5	45190

7.5 快速聚类法

系统聚类法是在样品间距离矩阵的基础上进行计算的，当样本容量较大时，其计算量是相当大的。快速聚类法，又称 K - 均值法（K - means cluster），是动态聚类法中的一种，是一种基于迭代算法的 Q 型聚类分析方法。该方法在大数据量的情况下，不失为一种有效的方法。快速聚类法的计算分为以下几步：

（1）首先要确定 k 个凝聚点作为 k 个类的凝聚中心。

（2）计算每个点（样品观察值）到各凝聚中心的距离（欧氏距离），并按照距离最近原则归类。每个样品归类后，即重新计算该类的重心作为新的凝聚中心。

（3）若新一次分类与上一次分类相同，则聚类过程结束；否则，重复步骤（2）。

初始凝聚点可以由系统根据数据情况和指定的类数自动确定，也可人为选择 k 个样品作为初始凝聚点，如前 k 个样品。

例 7.3 打开数据文件例 7 - 2。如表 7 - 5 所示。该文件记录了 25 位学生的系统分析、货币银行、国际贸易、多媒体和程序设计 5 门课的成绩。试用快速聚类法分为 3 类。

选择菜单 *Analyze* → *Classify* → *K - Means Cluster*，打开 K - Means Cluster Analysis 对话窗口，将除学号外的其他变量输入 Variables；将 Number of Clusters 的系统默认值 2 改为 3；单击 *Save*，全选对话项目；确认。

表 7 - 5　学生成绩

学号	系统分析	货币银行	国际贸易	多媒体	程序设计	学号	系统分析	货币银行	国际贸易	多媒体	程序设计
1	80	96	72	89	88	14	86	88	78	80	98
2	81	95	72	89	88	15	85	94	92	97	100
2	70	88	60	85	90	16	86	91	74	93	88
4	70	90	60	93	80	17	88	92	95	98	95
5	92	95	70	99	95	18	93	93	95	93	78
6	87	97	88	91	93	19	82	93	82	88	90
7	75	88	60	75	73	20	82	90	60	97	86
8	75	89	80	93	90	21	90	84	69	93	78
9	76	90	75	90	77	22	85	95	93	94	73
10	87	95	67	84	88	23	80	91	60	95	87
11	70	91	65	83	72	24	72	96	80	89	87
12	90	98	91	100	97	25	80	82	78	88	100
13	92	87	80	79	87						

　　表 7 - 6 是系统根据观察数据估算出的初始聚类中心，由于要分为三个类，故有三个中心；表 7 - 7 是每次迭代后，新的聚类中心与原聚类中心距离的改变量；表 7 - 8 是经过（三步）迭代计算后，得到的最终聚类中心。

表 7 - 6　Initial Cluster Centers

	Cluster		
	1	2	3
系统分析	75	92	90
货币银行	87.5	86.6	97.5
国际贸易	60	80	91
多媒体	75	79	100
程序设计	73	87	97

表 7 - 7　Iteration History

Iteration	Change in Cluster Centers		
	1	2	3
1	15.768	14.101	8.770
2	.000	1.433	3.378
3	.000	.000	.000

表 7 - 8　　**Final Cluster Centers**

	Cluster		
	1	2	3
系统分析	75	84	88
货币银行	89.6	90.7	94.6
国际贸易	63	75	92
多媒体	88	89	96
程序设计	81	90	89

表 7 - 9 只给出了每类中的样品数，没有具体样品类属结果，要知道具体个体属于哪一类，回到数据文件。在数据文件中新生成了两列数据，其中的一列是 QCL_1，显示每个观察值属于哪一类；另一列是 QCL_2，显示每个观察值到所在类中心的距离。

表 7 - 9　　**Number of Cases in each Cluster**

Cluster	1	7.000
	2	12.000
	3	6.000
Valid		25.000
Missing		.000

进一步地使用 Means 功能，可从表 7 - 10 大体看出三类的基本特点。表 7 - 11则显示：在 0.1 的显著性水平下，所有分类指标都是显著的；但在 0.05 的显著性水平下，只有系统分析和国际贸易这两个分类指标显著。

表 7 - 10　　**Report**

Cluster Number of Case		系统分析	货币银行	国际贸易	多媒体	程序设计
1	Mean	74.71	89.586	62.86	88.29	80.71
	N	7	7	7	7	7
2	Mean	83.58	90.733	75.17	88.67	89.75
	N	12	12	12	12	12
3	Mean	88.00	94.567	92.33	95.50	89.33
	N	6	6	6	6	6
Total	Mean	82.16	91.332	75.84	90.20	87.12
	N	25	25	25	25	25

表 7 - 11　ANOVA Table

		Sum of Squares	df	Mean Square	F	Sig.
系统分析 * Cluster Number of Case	Between Groups（Combined）	617.015	2	308.507	10.501	.001
	Within Groups	646.345	22	29.379		
	Total	1263.360	24			
货币银行 * Cluster Number of Case	Between Groups（Combined）	88.426	2	44.213	3.422	.051
	Within Groups	284.249	22	12.920		
	Total	372.674	24			
国际贸易 * Cluster Number of Case	Between Groups（Combined）	2817.503	2	1408.751	60.314	.000
	Within Groups	513.857	22	23.357		
	Total	3331.360	24			
多媒体 * Cluster Number of Case	Between Groups（Combined）	222.405	2	111.202	3.162	.062
	Within Groups	773.595	22	35.163		
	Total	996.000	24			
程序设计 * Cluster Number of Case	Between Groups（Combined）	399.628	2	199.814	3.426	.051
	Within Groups	1283.012	22	58.319		
	Total	1682.640	24			

7.6　变量聚类

对变量聚类也称为 R 型聚类。在解决实际问题的应用中，开始往往选用较多的变量（指标），但对于统计分析来说效果不一定好。尤其是变量间存在较大的相关性时，适当地减少相关变量可能是更好的选择。因此，在变量较多且变量间的相关性较强时，可以用 R 型聚类法找出代表性变量，以减少变量个数，达到降维的目的。

R 型聚类把变量聚为几个类，同一类变量之间有较强的相关性，因此可以从中选择一个变量作为代表。假设变量 $X_1, \cdots, X_t$ 构成一个类，为选择代表性变量，首先计算变量 X_i 和 X_j 的相关系数

$$r_{ij} \quad i \neq j; \quad (i, j = 1, \cdots, t)$$

接着，对每个变量 X_i 按以下公式计算

$$\overline{R}_i = \frac{\sum_{j \neq i} r_{ij}}{t - 1} \quad (i = 1, \cdots, t) \tag{7.30}$$

选 $\overline{R}_i$ 最大者对应的变量为代表性变量。

在 R 型聚类中，把变量间的相关系数按下式转化为距离，然后采用系统聚类法。

$$d_{ij} = 1 - |r_{ij}| \qquad (7.31)$$

例 7.4 打开数据文件例 7-3。该数据文件列举我国 30 个省、市、自治区的 11 个经济发展指标值，这些指标具有较强的相关性。试用 R 型聚类将这些指标分为 3 类，并对每一类变量找出代表性变量。

选择菜单 *Analyze→Classify→Hierarchical Cluster*，打开 Hierarchical Cluster Analysis 对话框，将 11 个变量输入 Variables；在 Cluster 一栏中选择 *Variables*；单击 *Statistics* 按钮，在 Cluster Membership 一栏中，选择 *Single solution*，并键入 3；打开 *Method*，在 Measure 中选择 *Pearson correlation*，并在 Standardize 中选择 *z-scores*；确认。表 7-12 是聚类结果。

表 7-12　**Cluster Membership**

Case	3 Clusters
GDP 总值（亿元）	1
第三产业增加（亿元）	1
GDP 增长速度	1
第三产业增加值占 GDP 比重	2
三产从业人员占社会劳动力比重	2
社会综合生产率	2
人均 GDP（元/人）	2
人均税收（元/人）	2
资金利税率	3
城镇居民人均收入（元/人）	2
农村居民人均收入（元/人）	2

以第一类为例，求代表性变量。首先计算变量 X_1、X_2、X_3 之间的相关系数。为此，选择命令 *Correlate→Bivariate*，得到相关系数如表 7-13 所示。

表 7-13　**Correlations**

		GDP 总值（亿元）	第三产业增加值（亿元）	GDP 增长速度
GDP 总值（亿元）	Pearson Correlation	1	.981	.418
	Sig.（2-tailed）		.000	.021
	N	30	30	30

		GDP 总值 （亿元）	第三产业增加值 （亿元）	GDP 增长速度
第三产业增加值 （亿元）	Pearson Correlation	.981	1	.425
	Sig.（2 - tailed）	.000		.019
	N	30	30	30
GDP 增长速度	Pearson Correlation	.418	.425	1
	Sig.（2 - tailed）	.021	.019	
	N	30	30	30

对于变量 X_1，有

$$\overline{R}_1 = \frac{0.981^2 + 0.418^2}{3 - 1} = 0.569$$

类似地，对于变量 X_2、X_3 分别有

$$\overline{R}_2 = \frac{0.981^2 + 0.425^2}{3 - 1} = 0.571$$

$$\overline{R}_3 = \frac{0.418^2 + 0.425^2}{3 - 1} = 0.178$$

由于 $\overline{R}_2$ 的值最大，故取 X_2 为第一组变量的代表性变量。

习　　题

1. 数据文件：《外商投资》，该文件记录了我国 30 个省、市地方吸引外资的情况。

（1）用系统聚类方法，取距离为 Euclidean Distance，并对数据标准化，将所有的地方分为 5 类。

（2）计算所得每一类地区各变量的均值、最大值与最小值，思考所得的每一类的共性。

2. 数据文件：《大气污染取样》，该文件记录了 8 个地区的 6 种污染物的含量。

（1）用系统聚类法，按照默认的方法，将这 8 个地区划分为 3 类；

（2）指出每一地区有代表性的主要污染物分别是哪些。

3. 数据文件：《企业经济指标》，该文件记录了我国 15 个企业的 7 项经济指标值。

（1）用系统聚类法，距离采用 Euclidean 和 Pearson 两种，数据都标准化，将所有企业分为两类。试分析：这两种分类的结果都说明什么问题？不同在什么地方？

（2）方法同上，将所有企业分为 3 类，以数据文件上的变量作为参照，哪种方法更好一些？

第8章 判别分析

判别分析（Discriminant Analysis）是一种判断样品应该属于哪一个已知类的统计分析方法。它的数学描述是：已知有 k 个 p 维总体（类）G_1，…，G_k，类的特征由 p 个变量 X_1，…，X_p 决定，常用向量矩阵表示 $X = (X_1,$ …，$X_p)'$，这 p 个变量也叫判别指标。

假设已有 n 个样品属于已知类，其中类 G_t 有 n_t 个样品，描述为

$$\boldsymbol{x}_i^{(t)} = (x_{i1}^{(t)}, \cdots, x_{ip}^{(t)})' \in G_t \qquad (i = 1, \cdots, n_t; \ t = 1, \cdots, k)$$

现有一个新的样品 $\boldsymbol{x}_{(0)} = (x_{01}, \cdots, x_{0p})'$，设计一种判别归类方法，将 $\boldsymbol{x}_{(0)}$ 归入与它性质最相近的已知类中去。

判别分析有多种处理方法，常用的方法有：距离判别、典型判别、Fisher 判别、Bayes 判别、逐步判别等。判别分析有时也称为有监督聚类。

8.1 距离判别

1. 马氏距离

距离判别是一种最直观的判别方法，它的基本做法是：样品距哪一个总体最近，就判样品属于哪个类。判别分析中用的距离是马氏（Mahalanobis）距离，在介绍它的一般定义前，先看一个一维（$p = 1$）的例子。

例8.1　G_1 是设备 A 生产的产品类，G_2 是设备 B 生产的产品类。产品的指标是耐磨度，用 $X_t(t = 1, 2)$ 表示。已知：

总体 G_1：$\mu_1 = E(X_1) = 80$；$\sigma_1^2 = \mathrm{Var}(X_1) = 0.25$

总体 G_2：$\mu_2 = E(X_2) = 75$；$\sigma_2^2 = \mathrm{Var}(X_2) = 4$

现有一个样品，耐磨指标 $x_0 = 78$，应判归哪一类？

一种简单的想法是：因为 $|x_0 - \mu_1| = 2$，它比 $|x_0 - \mu_2| = 3$ 要小，故判 $x_0 \in G_1$。这种想法虽然直观，却不尽合理，因为总体 G_1 的分布相对集中，而总体 G_2 的分布相对分散。因此，仅凭样品对类均值的距离，不足以判断样品的归属，还要设法消除由于总体的分散性带来的判别偏差。

用 $d_t^2(x)$ 表示样品 x 到总体 $G_t(t = 1, 2)$ 的距离，令

$$d_t^2(x) = \left(\frac{x - \mu_t}{\sigma_t}\right)^2 \quad (t = 1, 2)$$

于是有

$$d_1^2(x_0) = \frac{(78 - 80)^2}{0.25} = 16$$

$$d_2^2(x_0) = \frac{(78 - 75)^2}{4} = 2.25$$

因为 $d_2^2(x_0) < d_1^2(x_0)$，故判 x_0 属于总体 G_2。

这个距离较好地克服了总体偏差的影响，它是马氏（Mahalanobis）距离的特例。以下，引入马氏距离的定义。

设 p 维总体 G 的均值向量为 $\boldsymbol{\mu} = (\mu_1, \cdots, \mu_p)'$，协方差矩阵为 $\boldsymbol{V} = (\sigma_{ij})_{p \times p}$，样品 $\boldsymbol{x} = (x_1, \cdots, x_p)'$ 到总体 G 的马氏距离定义为

$$d^2(\boldsymbol{x}, G) = (\boldsymbol{x} - \boldsymbol{\mu})' \boldsymbol{V}^{-1}(\boldsymbol{x} - \boldsymbol{\mu}) \tag{8.1}$$

2. 两个总体的距离判别

在考虑两个总体的情况下，距离判别准则简化为

若 $d(\boldsymbol{x}, G_1) \leqslant d(\boldsymbol{x}, G_2)$，则 $\boldsymbol{x} \in G_1$

若 $d(\boldsymbol{x}, G_2) < d(\boldsymbol{x}, G_1)$，则 $\boldsymbol{x} \in G_2$

设总体 $G_1 \sim N(\boldsymbol{\mu}^{(1)}, \boldsymbol{V})$，$G_2 \sim N(\boldsymbol{\mu}^{(2)}, \boldsymbol{V})$（正态分布的假设，在不做检验的情况下不是必要的），$\boldsymbol{\mu}^{(t)} = (\mu_1^{(t)}, \cdots, \mu_p^{(t)})'$（$t = 1, 2$）是均值向量，$\boldsymbol{V} = (\sigma_{ij})_{p \times p}$ 是协方差矩阵。显然，假设中要求两个总体有相同的协方差矩阵。对于样品 $\boldsymbol{x}$，它到总体 G_t 的马氏距离为：

$$d^2(\boldsymbol{x}, G_t) = (\boldsymbol{x} - \boldsymbol{\mu}^{(t)})' \boldsymbol{V}^{-1}(\boldsymbol{x} - \boldsymbol{\mu}^{(t)}) \quad (t = 1, 2)$$

它们的差经过一些不太复杂的矩阵运算，可以得到结果

$$d^2(\boldsymbol{x}, G_1) - d^2(\boldsymbol{x}, G_2) = -2(\boldsymbol{x} - \bar{\boldsymbol{\mu}})' \boldsymbol{V}^{-1}(\boldsymbol{\mu}^{(1)} - \boldsymbol{\mu}^{(2)})$$

其中

$$\bar{\boldsymbol{\mu}} = \frac{\boldsymbol{\mu}^{(1)} + \boldsymbol{\mu}^{(2)}}{2}$$

令

$$a = \boldsymbol{V}^{-1}(\boldsymbol{\mu}^{(1)} - \boldsymbol{\mu}^{(2)})$$

$$W(\boldsymbol{x}) = (\boldsymbol{x} - \bar{\boldsymbol{\mu}})' a$$

则有 $d^2(\boldsymbol{x}, G_1) - d^2(\boldsymbol{x}, G_2) = -2W(\boldsymbol{x})$，判别规则成为

若 $W(\boldsymbol{x}) \geqslant 0$，则 $\boldsymbol{x} \in G_1$

若 $W(\boldsymbol{x}) < 0$，则 $\boldsymbol{x} \in G_2$

这里的 $W(\boldsymbol{x})$ 是一个线性函数，称为距离判别的线性判别函数，简称判别函数。

通常，$\boldsymbol{\mu}^{(1)}$、$\boldsymbol{\mu}^{(2)}$ 和 $\boldsymbol{V}$ 是未知的，可用它们的样本估计量代替。设样品
$$\boldsymbol{x}_i^{(t)} = (x_{i1}^{(t)}, \cdots, x_{ip}^{(t)})' \in G_t \qquad (i = 1, 2, \cdots, n_t; t = 1, 2)$$
则
$$\hat{\boldsymbol{\mu}}^{(t)} = \bar{\boldsymbol{x}}^{(t)} = (\bar{x}_1^{(t)}, \cdots, \bar{x}_p^{(t)})'$$

$$\bar{x}_j^{(t)} = \frac{1}{n_t} \sum_{i=1}^{n_t} x_{ij}^{(t)} \qquad (j = 1, \cdots p; t = 1, 2)$$

$$\hat{\boldsymbol{V}} = \frac{1}{n_1 + n_2 - 2}(\boldsymbol{S}_1 + \boldsymbol{S}_2)$$

其中

$$\boldsymbol{S}_t = \sum_{l=1}^{n_t} (\boldsymbol{x}_l^{(t)} - \bar{\boldsymbol{x}}^{(t)})(\boldsymbol{x}_l^{(t)} - \bar{\boldsymbol{x}}^{(t)})' = (s_{ij}^{(t)})_{p \times p} \qquad (t = 1, 2)$$

$$s_{ij}^{(t)} = \sum_{l=1}^{n_t} (x_{li}^{(t)} - \bar{x}_i^{(t)})(x_{lj}^{(t)} - \bar{x}_j^{(t)})$$

从而有判别函数的估计为

$$\hat{W}(\boldsymbol{x}) = (\boldsymbol{x} - \frac{\bar{\boldsymbol{x}}^{(1)} + \bar{\boldsymbol{x}}^{(2)}}{2})' \hat{\boldsymbol{V}}^{-1} (\bar{\boldsymbol{x}}^{(1)} - \bar{\boldsymbol{x}}^{(2)})$$

判别规则相当于对空间 R^p 作一个划分

$$D_1 = \{\boldsymbol{x} \mid W(\boldsymbol{x}) \geqslant 0\}, D_2 = \{\boldsymbol{x} \mid W(\boldsymbol{x}) < 0\}$$

显然有 $D_1 \cup D_2 = R^p$，$D_1 \cap D_2 = \varnothing$。判别规则成为

$$若 \boldsymbol{x} \in D_1, 则 \boldsymbol{x} \in G_1$$
$$若 \boldsymbol{x} \in D_2, 则 \boldsymbol{x} \in G_2$$

3. 多总体的距离判别

设有总体 $G_t \sim N(\boldsymbol{\mu}^{(t)}, \boldsymbol{V})(t = 1, \cdots, k)$，类似于两个总体的情形，可得判别函数

$$W_{ts}(\boldsymbol{x}) = (\boldsymbol{x} - \frac{\boldsymbol{\mu}^{(t)} + \boldsymbol{\mu}^{(s)}}{2})' \boldsymbol{V}^{-1} (\boldsymbol{\mu}^{(t)} - \boldsymbol{\mu}^{(s)}) \qquad (t \neq s) \qquad (8.2)$$

令

$$D_t = \{\boldsymbol{x} \mid W_{ts}(\boldsymbol{x}) > 0, s \neq t; s = 1, \cdots, k\} \qquad (t = 1, \cdots, k) \qquad (8.3)$$

判别法则为：若 $\boldsymbol{x} \in D_t$，则 $\boldsymbol{x} \in G_t$。

就是说：样品 $\boldsymbol{x}$ 属于 G_t 的条件是：$W_{ts}(\boldsymbol{x}) > 0$ 对一切 $s \neq t$ 成立。

如果出现 $W_{ts_1}(\boldsymbol{x}) = W_{ts_2}(\boldsymbol{x}) = \cdots = W_{ts_r}(\boldsymbol{x}) = 0 (1 \leqslant r \leqslant k)$，则可以判 $\boldsymbol{x}$ 归属 G_{s_1}，G_{s_2}，$\cdots$，G_{s_r} 中的任何一个。

4. 协差阵不等时的距离判别

设有 k 个总体 $G_t \sim N(\boldsymbol{\mu}^{(t)}, \boldsymbol{V}^{(t)})(t = 1, \cdots, k)$，令

$$D_t = \{x \mid d^2(x, G_t) \le \min_{s \ne t}\{d^2(x, G_s)\} \qquad (t = 1, \cdots, k) \qquad (8.4)$$

则有判别法为：若 $x \in D_t$，则 $x \in G_t$。

其中

$$d^2(x, G_t) = (x - \mu^{(t)})' V^{(t)-1}(x - \mu^{(t)}) \qquad (t = 1, \cdots, k)$$

实际应用中，$D_1, \cdots, D_k$ 十分复杂，因此，经常直接计算 $d^2(x, G_t)$ 进行判别。

8.2 典型判别

1. 判别函数

判别的基本方法是把新个体归入与它性质最相近的已知类。在表达"性质最相近"时，有时候是用距离远近衡量，有时候则用损失的大小表示。不管用什么方法表达，都离不开判别函数，而线性判别函数又用得最多。

线性判别函数是判别指标（变量）的 q 个线性函数

$$f_r = c_{r1}X_1 + \cdots + c_{rp}X_p = c'_r X \qquad (r = 1, \cdots, q) \qquad (8.5)$$

判别函数的本质是一组由 $R^p \to R^q (p > q)$ 的映射，它把一个原本属于高维空间 R^p 的问题转换成为一个维数较低的空间 R^q 的问题。我们把空间 R^p 中原始已知类 G_t 经过 f 映射后在空间 R^q 中的像记为 $f(G_t)$。

判别函数是从高维空间 R^p 到较低维空间 R^q 的一组线性变换，为了使低维空间内的判别工作变得更容易，很自然地对判别函数提出两个基本要求，并且可用数学方式来表达。

（1）空间 R^p 中的原始类 $G_1, \cdots, G_k$ 在空间 R^q 中的像集合 $f(G_1), \cdots, f(G_k)$ 应该容易区分，即这些像集合之间应有较大的间隔空间。

（2）每个原始类 $G_t(t = 1, \cdots, k)$ 的像集合 $f(G_t)$，其元素在空间的分布应较为集中，或者说 $f(G_t)$ 有较大的"密度"。

设 $|G_t| = n_t$，$n = \sum_{t=1}^{k} n_t$，$x_i^{(t)} = (x_{i1}^{(t)}, \cdots, x_{ip}^{(t)})' \in G_t (t = 1, \cdots, k; i = 1, \cdots, n_t)$，记 G_t 的像中心为

$$\bar{f}^{(t)} = (\bar{f}_1^{(t)}, \cdots, \bar{f}_q^{(t)})' \qquad (t = 1, \cdots, k)$$

$$\bar{f}_r^{(t)} = \frac{1}{n_t} \sum_{i=1}^{n_t} f_r(x_i^{(t)}) \qquad (r = 1, \cdots, q) \qquad (8.6)$$

记像空间 R^q 中，所有像点的中心为

$$\bar{f} = (\bar{f}_1, \cdots, \bar{f}_q)'$$

$$\bar{f}_r = \frac{1}{n} \sum_{t=1}^{k} \sum_{i=1}^{n_t} f_r(x_i^{(t)}) = \frac{1}{n} \sum_{t=1}^{k} n_t \bar{f}_r^{(t)} \qquad (r = 1, \cdots, q) \qquad (8.7)$$

定义第 r 个映射的组内平方和（Within Groups）为

$$SW_r = \sum_{t=1}^{k} \sum_{i=1}^{n_t} (f_r(\boldsymbol{x}_i^{(t)}) - \bar{f}_r^{(t)})^2 \qquad (r = 1, \cdots, q) \qquad (8.8)$$

定义第 r 个映射的组间平方和（Between Groups）为

$$SB_r = \sum_{t=1}^{k} n_t (\bar{f}_r^{(t)} - \bar{f}_r)^2 \qquad (r = 1, \cdots, q) \qquad (8.9)$$

从以上定义可以看出，SB_r 可以表示 R^q 中类间的间隔，SW_r 则是 R^q 中类的密度大小的一种度量。因此，对判别函数提出的两个基本要求就被表示成为：SB_r 要充分大，SW_r 要尽可能小。据此，定义特征值（Eigenvalue）为

$$\lambda_r = \frac{SB_r}{SW_r} \qquad (r = 1, \cdots, q) \qquad (8.10)$$

可见，对于一个判别函数来说：特征值越大，区别已知类的能力就越强。这是比较判别函数好坏的一个重要指标，也称为第 r 个判别函数的判别效率。

记

$$\lambda_r(\%) = \frac{\lambda_r}{\sum_{s=1}^{q} \lambda_s} \qquad (r = 1, \cdots, q) \qquad (8.11)$$

为第 r 个判别函数的判别能力。

记

$$\lambda_r(cum) = \frac{\sum_{l=1}^{r} \lambda_l}{\sum_{s=1}^{q} \lambda_s} \qquad (r = 1, \cdots, q) \qquad (8.12)$$

为前 r 个判别函数的累计判别能力。

2. 典型判别

基于典型相关分析原理估计判别参数，并用得到的判别函数进行判别分析，称之为典型判别分析（Canonical Discriminant）。

普通相关分析是在两个变量 X 和 Y 之间进行，典型相关分析则是在两组变量 $(X_1, \cdots, X_p)$ 和 $(Y_1, \cdots, Y_k)$ 之间进行，也就是考查两个向量之间的相关关系。这里，向量 $\boldsymbol{X} = (X_1, \cdots, X_p)'$ 代表判别指标（判别变量），而向量 $\boldsymbol{Y} = (Y_1, \cdots, Y_k)'$ 代表分类变量。其中

$$Y_t = \begin{cases} 1 & \text{若 } X \in G_t \\ 0 & \text{若 } X \notin G_t \end{cases} \qquad (t = 1, \cdots, k)$$

依据容量为 n 的样本观察值

$$\boldsymbol{x}_i^{(t)} = (x_{i1}^{(t)}, \cdots, x_{ip}^{(t)}) \qquad (i = 1, \cdots, n_t; \ t = 1, \cdots, k)$$

$$n = \sum_{t=1}^{k} n_t$$

和 k 个分类变量

$$\boldsymbol{y}_t = (y_{t1}, \cdots, y_{tk})' \qquad (t = 1, \cdots, k)$$

$$y_{ts} = \begin{cases} 1 & s = t \\ 0 & s \neq t \end{cases}$$

计算最大可能多重相关的变量的线性组合，称为典型相关判别函数。最大的多重相关称为第一典型相关；线性组合的系数称为典型系数；线性组合定义的变量称为第一典型变量。第二典型相关变量由与第一典型变量无关的线性组合得到；依此得到的典型变量的个数 q 不会超过判别变量的个数或总体的个数减一，也就是有 q 个典型判别函数（$q \leqslant \min(p, k-1)$）。

例 8.2 打开数据文件例 8-2，如表 8-1 所示。该文件的前 15 个观察值是 15 个确诊病例，第 16 个观察值是待判病例。判别指标为铜蓝蛋白（X_1）、蓝色反应（X_2）、尿引哚乙酸（X_3）、中性硫化物（X_4）；分类变量为 Group，共有 3 类，分别是：胃癌患者、萎缩性胃炎、其他胃病。试作判别分析。

表 8-1　数据文件

No.	Group	X_1	X_2	X_3	X_4
1	1	228	134	20	11
2	1	245	134	10	40
3	1	200	167	12	27
4	1	170	150	7	8
5	1	100	167	20	14
6	2	225	125	7	14
7	2	130	100	6	12
8	2	150	117	7	6
9	2	120	133	10	26
10	2	160	100	5	10
11	3	185	115	5	19
12	3	170	125	6	4
13	3	165	142	5	3
14	3	135	108	2	12
15	3	100	117	7	2
16	—	197	152	9	21

选择 ***Classify→Discriminant***，进入 Discriminant Analysis 对话窗口。将四个判别变量输入 Independents；将变量 Group 输入 Grouping Variable，并定义最小值 Minimum = 1，最大值 Maximum = 3；单击 ***Statistics***，选择其中的

Unstandardized；单击 **Save**，选择 *Predicted group membership*；确认。

表 8 – 2 是标准化典型判别函数的系数，写成函数便是

$$f_1 = 0.453X_1 + 0.596X_2 + 0.662X_3 + 0.299X_4$$
$$f_2 = -0.175X_1 - 0.811X_2 + 0.600X_3 + 0.608X_4$$

表 8 – 2 Standardized Canonical Discriminant Function Coeficients

	Function	
	1	2
铜蓝蛋白	.453	– .175
蓝色反应	.596	– .811
尿吲哚乙酸	.662	.600
中性硫化物	.299	.608

表 8 – 3 是非标准化判别函数的系数，写成函数便是

$$f_1 = 0.010X_1 + 0.040X_2 + 0.176X_3 + 0.031X_4 - 8.784$$
$$f_2 = -0.004X_1 - 0.055X_2 + 0.160X_3 + 0.062X_4 + 5.448$$

表 8 – 3 Canonical Discriminant Function Coeficients

	Function	
	1	2
铜蓝蛋白	.010	– .004
蓝色反应	.040	– .055
尿吲哚乙酸	.176	.160
中性硫化物	.031	.062
（Constant）	– 8.784	5.448

表 8 – 4 是结构矩阵，实际是标准判别函数与判别变量之间的相关系数矩阵，表中数据为 Pearson 相关系数。

表 8 – 4 Structure Matrix

	Function	
	1	2
尿吲哚乙酸	.638	.327
铜蓝蛋白	.234	.057
蓝色反应	.643	– .645
中性硫化物	.295	.478

表 8 - 5 是非标准化判别函数的类中心坐标值，各观察值就要按照到哪个中心距离近而归类。

表 8 - 5　Functions at Group Centroids

类别	Function	
	1	2
胃癌患者	2.199	-.049
萎缩性胃炎	-.936	.522
其他胃病	-1.263	-.472

表 8 - 6 是两个判别函数的判别效率和判别能力。判别函数 f_1 的特征值为 3.044，f_2 的特征值为 0.207，函数 f_1 的判别效率大于 f_2。方差百分比（判别能力）显示，函数 f_1 能够解释绝大部分方差。典型相关系数（Canonical Correlation）显示第一典型变量的相关系数是 0.868，第二典型变量的相关系数是 0.414。

表 8 - 6　Eigenvalues

Function	Eigenvalue	% of Variance	Cumulative %	Canonical Correlation
1	3.044	93.6	93.6	.868
2	.207	6.4	100.0	.414

重新回到数据文件窗口，会发现多了一列 Dis_1，该列显示了 15 个已知类属样品和 1 个待判样品的判别结果。如表 8 - 7 所示，15 个已知类属样品中有 3 个错判，误判率是 20%；待判样品判别归属第 1 类，即该病人是胃癌患者。

表 8 - 7　判别结果

No.	Group	Dis_1	No.	Group	Dis_1
1	1	1	9	2	2
2	1	1	10	2	2
3	1	1	11	3	2
4	1	3	12	3	3
5	1	1	13	3	3
6	2	2	14	3	3
7	2	2	15	3	3
8	2	3	16	—	1

8.3 判别效果的检验

假设已知类是 p 维正态分布，$G_t \sim N_p(\boldsymbol{\mu}^{(t)}, \boldsymbol{V}^{(t)})(t = 1, \cdots, k)$，$\boldsymbol{\mu}^{(t)}$ 是均值向量，$\boldsymbol{V}^{(t)}$ 是协方差阵；记 $\boldsymbol{x}_i^{(t)} = (x_{i1}^{(t)}, \cdots, x_{ip}^{(t)})' \in G_t (t = 1, \cdots, k; i = 1, \cdots, n_t; n = \sum_{t=1}^{k} n_t)$ 为来自 G_t 的样品。

1. 总体间协方差阵相等的检验

一般假设各总体间协方差阵是相等的，即 $\boldsymbol{V}^{(1)} = \cdots = \boldsymbol{V}^{(k)}$。不过，也可以通过一种称为 Box 检验的方法来进行验证。

原假设 H_0：$\boldsymbol{V}^{(1)} = \cdots = \boldsymbol{V}^{(k)}$，检验统计量为 Box's M；原假设 H_0 为真时，该统计量近似服从 F 分布。

2. 判别指标的显著性检验

判别指标的显著性检验（Test of equality of group means）是逐个检查每个判别指标，其类平均值在一定的显著性水平下是否有显著差异，也就是能否用来当做分类特征。

原假设　　　H_0^j：$\mu_j^{(1)} = \cdots = \mu_j^{(k)}$　　　$(j = 1, \cdots, p)$

其中，$\mu_j^{(t)}$ 是变量 X_j 在已知类 G_t 上的均值。

此假设即：被检验指标的类平均值无显著差异，即该指标不能当做分类特征。检验统计量是 Wilks' lambda，在原假设 H_0 为真时，它服从第一自由度为 $k - 1$，第二自由度为 $n - k$ 的 F 分布。

3. 判别函数效果的检验

对典型判别函数的判别效果的检验是通过对每个判别函数的显著性检验而实现的。若有 q 个判别函数，其做法是，原假设 H_0：前 $r(r = 0, \cdots, q - 1)$ 个判别函数之后的判别函数是不显著的。若接受原假设，则相应的判别函数是不能够区分 k 个类的；否则，相应的判别函数是显著的。

假设检验所用的统计量是威尔克斯 Λ（Wilks' lambda），在原假设 H_0 为真时，它服从 Wilks 分布，这个分布也可以用 $\chi^2[(p - r)(k - r - 1)]$ 分布来近似。

例 8.3　在例 8.2 的基础上，增加操作：选择 *Statistics* 项下的 *Univariate ANOVAs* 和 *Box's M* 选项。在输出窗口中，有如表 8 - 8 所示结果。

表 8 – 8 Box's Test of Equality of Covariance Matrices

	Box's M		45. 046
F		Approx.	1. 089
		df1	20
		df2	516. 896
		Sig.	. 357

表 8 – 8 是关于类协方差矩阵相等的检验结果。在本例中，原假设为

$$H_0 : \boldsymbol{V}^{(1)} = \boldsymbol{V}^{(2)} = \boldsymbol{V}^{(3)}$$

即三个类的协方差矩阵相等。现有结果 Sig. = 0. 357，以显著性水平 0. 05 来说，接受原假设。

表 8 – 9 是关于判别指标的显著性检验。在本例中，原假设为

$$H_0^j : \mu_j^{(1)} = \mu_j^{(2)} = \mu_j^{(3)} \qquad (j = 1, 2, 3, 4)$$

均值的上标为类指标，下标 j 为变量指标，$j = 1$，2，3，4 分别对应四个指标变量。原假设的含义就是该变量不显著。在 0. 05 的显著性水平下，蓝色反应、尿吲哚乙酸显著；铜蓝蛋白、中性硫化物不显著，说明相应的指标对判别分类不起作用。

表 8 – 9 Tests of Equality of Group Means

	Wilks' lambda	F	df1	df2	Sig.
铜蓝蛋白	. 857	1. 003	2	12	. 396
蓝色反应	. 426	8. 074	2	12	. 006
尿吲哚乙酸	. 442	7. 564	2	12	. 007
中性硫化物	. 762	1. 879	2	12	. 195

表 8 – 10 是关于判别函数显著性检验，原假设是前 $r(r = 0, 1)$ 个判别函数之后的判别函数不显著。f_1，f_2 两个判别函数的显著性概率是 Sig. = 0. 034，可见在 0. 05 的显著性水平下，用 f_1，f_2 两个函数判别的效果显著；单用 f_2 判别，Sig. = 0. 577，判别效果不显著。

表 8 – 10 Wilks' lambda

Test of Function(s)	Wilks' lambda	Chi – square	df	Sig.
1 through 2	. 205	16. 649	8	. 034
2	. 828	1. 978	3	. 577

8.4 费希尔判别

费希尔（Fisher）判别的思想同样是构造一组由 $R^p \to R^q$ $(p > q)$ 的映射，映射的原则仍然是 8.2 节中的两点。建立判别函数采用的是一种类似方差分析的方法，用以设计出一个误判率尽可能低的线性判别函数。

1. 费希尔判别函数

考察 k 个总体 G_1，$\cdots$，G_k，设

$$|G_t| = n_t, \quad n = \sum_{t=1}^{k} n_t$$

$$\boldsymbol{x}_i^{(t)} = (x_{i1}^{(t)}, \cdots, x_{ip}^{(t)})' \in G_t \qquad (t = 1, \cdots, k; \ i = 1, \cdots, n_t)$$

记组内样本均值为

$$\bar{x}_j^{(t)} = \frac{1}{n_t} \sum_{i=1}^{n_t} x_{ij}^{(t)} \qquad (j = 1, \cdots, p)$$

$$\bar{\boldsymbol{x}}^{(t)} = (\bar{x}_1^{(t)}, \cdots, \bar{x}_p^{(t)})' = \frac{1}{n_t} \sum_{i=1}^{n_t} \boldsymbol{x}_i^{(t)} \qquad (t = 1, \cdots, k)$$

记总样本均值为

$$\bar{x}_j = \frac{1}{n} \sum_{t=1}^{k} \sum_{i=1}^{n_t} x_{ij}^{(t)} \qquad (j = 1, \cdots, p)$$

$$\bar{\boldsymbol{x}} = (\bar{x}_1, \cdots, \bar{x}_p)' = \frac{1}{n} \sum_{t=1}^{k} \sum_{i=1}^{n_t} \boldsymbol{x}_i^{(t)}$$

$$= \frac{1}{n} \sum_{t=1}^{k} n_t \boldsymbol{x}^{(t)}$$

取线性判别函数为

$$f = c_1 X_1 + \cdots + c_p X_p = \boldsymbol{c}' \boldsymbol{X} \tag{8.13}$$

记样本的组内离差阵为

$$\boldsymbol{F} = \sum_{t=1}^{k} \boldsymbol{F}_t = \sum_{t=1}^{k} \sum_{i=1}^{n_t} (\boldsymbol{x}_i^{(t)} - \bar{\boldsymbol{x}}^{(t)})(\boldsymbol{x}_i^{(t)} - \bar{\boldsymbol{x}}^{(t)})'$$

记样本的组间离差阵为

$$\boldsymbol{Q} = \sum_{t=1}^{k} n_t (\bar{\boldsymbol{x}}^{(t)} - \bar{\boldsymbol{x}})(\bar{\boldsymbol{x}}^{(t)} - \bar{\boldsymbol{x}})'$$

则函数映射后的组内平方和为

$$\boldsymbol{F}_0 = \sum_{t=1}^{k} \sum_{i=1}^{n_t} (\boldsymbol{c}' \boldsymbol{x}_i^{(t)} - \boldsymbol{c}' \bar{\boldsymbol{x}}^{(t)})^2$$

$$= \boldsymbol{c}' \Big[\sum_{t=1}^{k} \sum_{i=1}^{n_t} (\boldsymbol{x}_i^{(t)} - \bar{\boldsymbol{x}}^{(t)})(\boldsymbol{x}_i^{(t)} - \bar{\boldsymbol{x}}^{(t)})' \Big] \boldsymbol{c}$$

$$= \boldsymbol{c}' \boldsymbol{F} \boldsymbol{c}$$

函数映射后的组间平方和为

$$Q_0 = \sum_{t=1}^{k} n_t (\boldsymbol{c}' \bar{\boldsymbol{x}}^{(t)} - \boldsymbol{c}' \bar{\boldsymbol{x}})^2$$

$$= \boldsymbol{c}' \Big[\sum_{t=1}^{k} n_t (\bar{\boldsymbol{x}}^{(t)} - \bar{\boldsymbol{x}})(\bar{\boldsymbol{x}}^{(t)} - \bar{\boldsymbol{x}})' \Big] \boldsymbol{c}$$

$$= \boldsymbol{c}' \boldsymbol{Q} \boldsymbol{c}$$

费希尔判别的基本思想是为使 k 个类的均值有显著差异，则比值

$$I = \frac{Q_0}{F_0} = \frac{\boldsymbol{c}' \boldsymbol{Q} \boldsymbol{c}}{\boldsymbol{c}' \boldsymbol{F} \boldsymbol{c}} \tag{8.14}$$

应充分大，即为求 I 的极大值。但为使极大值唯一，还必须对 $\boldsymbol{c}$ 附加一约束条件 $\boldsymbol{c}' \boldsymbol{F} \boldsymbol{c} = 1$。可以证明，以上问题的解 $\boldsymbol{c}$ 为 $\boldsymbol{F}^{-1} \boldsymbol{Q}$ 的最大特征值的特征向量。

因此，若 $\boldsymbol{F}^{-1} \boldsymbol{Q}$ 的非零特征值为

$$\lambda_1 \geqslant \cdots \geqslant \lambda_q > 0 \qquad [q \leqslant \min(p, k-1)]$$

相应的特征向量为

$$c_1, \cdots, c_q$$

则

$$f_1 = \boldsymbol{c}'_1 X = c_{11} X_1 + \cdots + c_{1p} X_p \tag{8.15}$$

为具有最大判别效率 λ_1 的费希尔判别函数。

若第一判别函数还不能很好地区分 k 个类，这时可建立第二大判别效率 λ_2 的费希尔判别函数为

$$f_2 = \boldsymbol{c}'_2 X = c_{21} X_1 + \cdots + c_{2p} X_p \tag{8.16}$$

依此类推，可建立 q 个判别效率依次递减的费希尔判别函数。

一种简单的情况是两个总体的判别，当 $k = 2$ 时，非零特征值为

$$\lambda = \frac{n_1 n_2}{n_1 + n_2} (\bar{\boldsymbol{x}}^{(1)} - \bar{\boldsymbol{x}}^{(2)})' \boldsymbol{F}^{-1} (\bar{\boldsymbol{x}}^{(1)} - \bar{\boldsymbol{x}}^{(2)})$$

相应的特征向量为

$$\boldsymbol{c} = \frac{1}{\sqrt{\dfrac{n_1 + n_2}{n_1 n_2} \lambda}} \boldsymbol{F}^{-1} (\bar{\boldsymbol{x}}^{(1)} - \bar{\boldsymbol{x}}^{(2)})$$

费希尔判别函数为

$$f(\boldsymbol{x}) = \boldsymbol{c}' \boldsymbol{x} = \frac{1}{\sqrt{\dfrac{n_1 + n_2}{n_1 n_2} \lambda}} \boldsymbol{x}' \boldsymbol{F}^{-1} (\bar{\boldsymbol{x}}^{(1)} - \bar{\boldsymbol{x}}^{(2)}) \tag{8.17}$$

2. 判别准则

记 $f_r(\boldsymbol{x})(r = 1, \cdots, q)$ 为待判样品 $\boldsymbol{x}$ 的 q 个判别函数的像；则

$$\bar{\pmb{f}}^{(t)} = (\bar{f}_1^{(t)}, \cdots, \bar{f}_q^{(t)})' \qquad (t = 1, \cdots, k)$$

$$\bar{f}_r^{(t)} = f_r(\bar{\pmb{x}}^{(t)}) \qquad (r = 1, \cdots, q)$$

为 $G_t(t=1, \cdots, q)$ 的像中心；而

$$\hat{\sigma}_{rt}^2 = \frac{1}{n_t - 1} \sum_{i=1}^{n_t} [f_r(\pmb{x}_i^{(t)}) - f_r(\bar{\pmb{x}}^{(t)})]^2 \qquad (t = 1, \cdots, k; r = 1, \cdots, q)$$

是 $G_t(t=1, \cdots, q)$ 像的样本方差。若存在 t_1 使

$$\frac{|f_1(\pmb{x}) - f_1(\bar{\pmb{x}}^{(t)})|}{\hat{\sigma}_{1t}}$$

达到最小，即

$$\frac{|f_1(\pmb{x}) - f_1(\bar{\pmb{x}}^{(t_1)})|}{\hat{\sigma}_{1t_1}} = \min_{t = 1, \cdots, k} \frac{|f_1(\pmb{x}) - f_1(\bar{\pmb{x}}^{(t)})|}{\hat{\sigma}_{1t}} \qquad (8.18)$$

则判 $\pmb{x} \in G_{t_1}$。若第一判别函数无法对 $\pmb{x}$ 做出归类判别，则再使用第二判别函数；依此类推，直至做出判别为止。

8.5 贝叶斯判别

贝叶斯（Bayes）判别思想是假定已知类的概率分布（先验概率），然后用样品对先验概率进行修正，得到后验概率分布，根据后验概率，再对样品进行归类判别。

1. 先验概率

设已知 k 个总体 $G_t(t=1, \cdots, k)$，且出现的概率（先验概率）为 $g_t\left(\sum_{t=1}^k g_t = 1\right)$。先验概率 $g_t(t=1, \cdots, k)$ 有几种获得方式：

（1）利用经验进行估计；

（2）利用已知类属样品的比例进行估计：$g_t = \dfrac{n_t}{n}$；

（3）假定等概率：$g_1 = \cdots = g_k = \dfrac{1}{k}$。

2. 后验概率

若 $G_t(t=1, \cdots, k)$ 为正态总体，则样品 $\pmb{x} \in G_t$ 的后验概率为

$$\pmb{P}(t \mid \pmb{x}) = \frac{\exp[-0.5 D_t^2(\pmb{x})]}{\sum_{l=1}^k \exp[-0.5 D_l^2(\pmb{x})]} \qquad (8.19)$$

其中，$D_l^2(\pmb{x})(l=1, \cdots, k)$ 是样品 $\pmb{x}$ 到总体 G_l 的距离，定义为

$$D_l^2(\pmb{x}) = d_l^2(\pmb{x}) + h_1(l) + h_2(l)$$

$$h_1(l) = \begin{cases} \ln|\boldsymbol{S}_l| & \boldsymbol{V}^{(t)} \text{ 不全相等} \\ 0 & \boldsymbol{V}^{(t)} \text{ 全相等} \end{cases}$$

$$h_2(l) = \begin{cases} -2\ln|q_l| & q_t \text{ 不全相等} \\ 0 & q_t \text{ 全相等} \end{cases}$$

其中，$\boldsymbol{V}^{(t)}(t = 1, \cdots, k)$ 是组内协方差阵；$\boldsymbol{S}_t(t = 1, \cdots, k)$ 是组内样本协方差阵。

按后验概率的判别准则为：若 $P(t_0 \mid \boldsymbol{x}) > P(t \mid \boldsymbol{x})(t \neq t_0, t = 1, \cdots, k)$ 时，则判别 $\boldsymbol{x} \in G_{t_0}$。

3. 错判损失

当样品 $\boldsymbol{x} \in G_t$，但判别为 $\boldsymbol{x} \in G_s$，此时称为错判，其概率称为错判概率，错判造成的损失称为错判损失。所谓贝叶斯判别准则，就是使平均错判损失达到最小的判别。

通常错判损失有两种方式获得：由经验获得或假定各错判损失相同。

假定 $G_t(t = 1, \cdots, k)$ 为正态总体，各错判损失相同，先验概率为 $g_t(t = 1, \cdots, k)$，组内协方差阵 $\boldsymbol{V}^{(t)}(t = 1, \cdots, k)$ 全相等；记 $\bar{\boldsymbol{x}}^{(t)}(t = 1, \cdots, k)$ 为 G_t 的样本均值，$\boldsymbol{S} = \sum_{t=1}^{k} \boldsymbol{S}_t$ 为合并组内样本协方差阵，则

$$f_t(\boldsymbol{x}) = c_{0t} + \boldsymbol{c}_t' \boldsymbol{x} \qquad (t = 1, \cdots, k)$$

$$c_{0t} = \ln g_t - \frac{1}{2} \bar{\boldsymbol{x}}^{(t)'} \boldsymbol{S}^{-1} \bar{\boldsymbol{x}}^{(t)} \qquad (8.20)$$

$$\boldsymbol{c}_t = \boldsymbol{S}^{-1} \bar{\boldsymbol{x}}^{(t)}$$

为贝叶斯判别准则下的线性判别函数，而判别准则为：判别 $\boldsymbol{x} \in G_{t_0}$，若 $f_{t_0}(\boldsymbol{x}) > f_t(\boldsymbol{x})(t \neq t_0, t = 1, \cdots, k)$。

例 8.4 在例 8.2 的基础上，增加操作：选择 *Save* 项下的 *Probabilities of group membership* 选项。在输出窗口中，有以下一些结果。

表 8-11 是先验概率，在这里假定先验概率相等。另外，如表 8-12 所示，在数据文件编辑窗口多了 3 个变量：Dis1_1、Dis2_1 和 Dis3_1。此 3 列数据分别代表各样品属于类 $G_t(t = 1, 2, 3)$ 的概率。

表 8-11 **Prior Probabilities of Groups**

类别	Prior	Cases Used in Analysis	
		Unweighted	Weighted
胃癌患者	.333	5	5.000
萎缩性胃炎	.333	5	5.000
其他胃病	.333	5	5.000
Total	1.000	15	15.000

表 8 – 12 判别概率

No.	Group	Dis1_1	Dis2_1	Dis3_1
1	1	0.99766	0.00213	0.00020
2	1	0.97711	0.02072	0.00217
3	1	0.99922	0.00047	0.00031
4	1	0.26527	0.15718	0.57755
5	1	0.99905	0.00075	0.00021
6	2	0.13934	0.45736	0.40330
7	2	0.00010	0.70018	0.29973
8	2	0.00205	0.48011	0.51784
9	2	0.16945	0.66182	0.16874
10	2	0.00013	0.61562	0.38426
11	3	0.00543	0.61555	0.37902
12	3	0.00516	0.31351	0.68133
13	3	0.01718	0.14413	0.83869
14	3	0.00004	0.41328	0.58668
15	3	0.00026	0.41721	0.58253
16	—	0.93964	0.02967	0.03069

习　　题

1. 数据文件:《企业经济指标》。

（1）用判别分析方法，判别企业 new1 和 new2 分属于哪一类？它们属于每一类的概率分别有多大？

（2）每个判别指标在 0.05 的显著性水平下是否都显著？

（3）判别能力最强的典型判别函数是什么形式？它能够解释变量提供的多少信息？它和哪些判别指标的相关性强？

2. 数据文件:《环保：有害气体》。

（1）用判别分析方法，判别地区 New 属于哪一类的概率最大？

（2）在 0.05 的显著性水平下，每个判别指标是否都显著？

（3）判别函数是否有不显著的？

（4）判别能力最强的典型判别函数和哪些变量的相关性较强？

第9章 因子分析

在许多实际问题中，涉及的变量众多，各变量间还存在错综复杂的相关关系，这时最好能从中提取少数综合变量，这些综合变量彼此不相关，而且包含原变量提供的大部分信息。因子分析就是为解决这一问题提供的统计分析方法。因子分析（Factor Analysis）是将总体的每个变量用几个共有因子的线性组合与一个特殊因子之和的模型来表示，而这些共有因子都有一定的实际意义。

9.1 正交因子模型

1. 公共因子与特殊因子

设有 p 维总体 $X = (X_1, \cdots, X_p)'$。从总体中提取的综合变量：$Z_1, \cdots, Z_m(m < p)$ 称为（总体的）公共因子，它们是每个变量所共有的，并能对各变量作出合适的解释。一般来说，公共因子不可能包含总体的所有信息，每个变量 X_i 除了可以由公共因子解释的那部分外，总还有一些公共因子解释不了的部分，称这部分为变量 X_i 的特殊因子 ε_i。记

$$X_i = a_{i1}Z_1 + \cdots + a_{im}Z_m + \varepsilon_i \quad (i = 1, \cdots, p)$$

例9.1 为了了解学生的学习能力，观察了 n 个学生的 p 个科目的成绩，用 $X_1, \cdots, X_p$ 代表 p 个科目（如代数、几何、语文、英语、计算机等），若用一个公共因子来表示，即

$$X_i = a_i Z + \varepsilon_i \quad (i = 1, \cdots, p)$$

对这些资料进行归纳分析后可以看出，各个科目（变量）由两部分组成：Z 是对所有 X_i 的共有因子，它表示智能的高低；ε_i 是科目（变量）特有的因子，这是一个最简单的因子模型。

进一步可以把这个简单的因子模型推广到多个因子的情况，即全体科目 X 共有的因子有 m 个，如语言因子、计算因子、逻辑因子、艺术因子等。分别记为 $Z_1, \cdots, Z_m(m < p)$，即有

$$X_i = a_{i1}Z_1 + \cdots + a_{im}Z_m + \varepsilon_i \quad (i = 1, \cdots, p)$$

用这 m 个不可观测，且相互独立的公共因子（也称为潜因子）和一个特殊因子来描述原始的相关变量 X_1, $\cdots$, X_p, 并解释分析学生的学习能力。

2. 正交因子模型

设总体 $X = (X_1, \cdots, X_p)'$ 是可观察的随机向量，记 $E(X) = \mu$ 为均值向量，$D(X)$ 为协方差阵。因子模型的形式为

$$X_1 - \mu_1 = a_{11}Z_1 + a_{12}Z_2 + \cdots + a_{1m}Z_m + \varepsilon_1$$
$$X_2 - \mu_2 = a_{21}Z_1 + a_{22}Z_2 + \cdots + a_{2m}Z_m + \varepsilon_2$$
$$\cdots \qquad \qquad \cdots \qquad \qquad \qquad (9.1)$$
$$X_p - \mu_p = a_{p1}Z_1 + a_{p2}Z_2 + \cdots + a_{pm}Z_m + \varepsilon_p$$

其中 $Z_j(j = 1, \cdots, m; m < p)$ 称为所有变量的公共因子；$\varepsilon_i(i = 1, \cdots, p)$ 称为变量 X_i 的特殊因子。

若引入以下矩阵向量

$$\mu = (\mu_1, \cdots, \mu_p)', \quad \varepsilon = (\varepsilon_1, \cdots, \varepsilon_p)'$$
$$Z = (Z_1, \cdots, Z_m)'$$
$$A = \begin{pmatrix} a_{11} & a_{12} & \cdots & a_{1m} \\ a_{21} & a_{22} & \cdots & a_{2m} \\ \cdots & \cdots & \cdots & \cdots \\ a_{p1} & a_{p2} & \cdots & a_{pm} \end{pmatrix} = (a_{ij})_{p \times m}$$

则因子模型的矩阵形式为

$$X - \mu = AZ + \varepsilon \qquad \qquad (9.2)$$

因子模型应满足两个假设：

（1）$E(Z) = 0$, $D(Z) = I_{m \times m}$, 即

$$E(Z_j) = 0, \quad \text{Var}(Z_j) = 1 \qquad (j = 1, \cdots, m)$$
$$\text{Cov}(Z_i, Z_j) = 0 \qquad (i \neq j; i, j = 1, \cdots, m)$$

公共因子互不相关；

（2）$E(\varepsilon) = 0$, $D(\varepsilon) = \text{diag}(\sigma_1^2, \cdots, \sigma_p^2)$, $\text{Cov}(\varepsilon, Z) = 0$, 即

$$E(\varepsilon_i) = 0, \quad \text{Var}(\varepsilon_i) = \sigma_i^2 \qquad (i = 1, \cdots, p)$$
$$\text{Cov}(\varepsilon_i, Z_j) = 0 \qquad (i = 1, \cdots, p; j = 1, \cdots, m)$$

特殊因子与公共因子互不相关。

因子模型中的矩阵 A 是一个待估的系数矩阵，称为因子载荷矩阵（Component Matrix）；系数 a_{ij} 称为变量 X_i 在因子 Z_j 上的载荷（Loading），简称因子载荷，或称为第 j 个因子预测第 i 个变量的回归系数。

由于

$$\text{Cov}(X_i, Z_j) = \text{Cov}\left(\sum_{k=1}^{m} a_{ik}Z_k + \varepsilon_i, Z_j\right)$$

$$= \sum_{k=1}^{m} a_{ik} \text{Cov}(Z_k, Z_j) + \text{Cov}(\varepsilon_i, Z_j)$$

$$= a_{ij} \qquad (i = 1, \cdots, p; j = 1, \cdots, m)$$

特别是当原变量已被标准化后，即 $\text{Var}(X_i) = 1 (i = 1, \cdots, p)$ 时，有

$$\rho(X_i, Z_j) = \frac{\text{Cov}(X_i, Z_j)}{\sqrt{\text{Var}(X_i)}\sqrt{\text{Var}(Z_j)}} = \text{Cov}(X_i, Z_j)$$

从而

$$a_{ij} = \rho(X_i, Z_j) \qquad (i = 1, \cdots, p; j = 1, \cdots, m)$$

即变量 X_i 在公共因子 Z_j 上的载荷 a_{ij} 就是 X_i 与 Z_j 的相关系数。

9.2　载荷矩阵的估计

记 $D(X) = V$，$D(\varepsilon) = D$，在前述条件下有

$$V = D(X)$$
$$= D(AZ + \varepsilon)$$
$$= E[(AZ + \varepsilon)(AZ + \varepsilon)']$$
$$= AD(Z)A' + D(\varepsilon)$$
$$= AA' + D$$

即

$$V - D = AA' \tag{9.3}$$

若已知容量为 n 的样本观察值 $x_{(i)} = (x_{i1}, \cdots, x_{ip})'$ $(i = 1, \cdots, n)$，记其样本协方差阵为 S，用 S 作为 V 的估计。设 S 的特征值为 $\lambda_1 \geqslant \lambda_2 \geqslant \cdots \geqslant \lambda_p \geqslant 0$，且 $a_1, a_2, \cdots, a_p$ 为其对应的正交单位特征向量，由对称阵的谱分解可知

$$S = \lambda_1 a_1 a'_1 + \lambda_2 a_2 a'_2 + \cdots + \lambda_p a_p a'_p = \sum_{i=1}^{p} \lambda_i a_i a'_i$$

取前 m 个较大的特征值，使近似地分解为

$$S \approx \sum_{i=1}^{m} \lambda_i a_i a'_i + D$$

$$= (\sqrt{\lambda_1} a_1, \cdots, \sqrt{\lambda_m} a_m) \begin{pmatrix} \sqrt{\lambda_1} a'_1 \\ \cdots \\ \sqrt{\lambda_m} a'_m \end{pmatrix} + D \tag{9.4}$$

取 $A = (\sqrt{\lambda_1} a_1, \cdots, \sqrt{\lambda_m} a_m) = (a_{ij})_{p \times m}$，则

$$S \approx AA' + D \tag{9.5}$$

就是因子模型的一个解。

公共因子数量 m 的确定有两种方法：根据实际问题指定；或根据临界值 r_0（通常取 0.7），由下式决定

$$\frac{\sum\limits_{i=1}^{m} \lambda_i}{\sum\limits_{i=1}^{p} \lambda_i} \geqslant r_0$$

由于以上载荷矩阵的解与主成分分析中的主分量的系数只相差一个常数倍，所以（9.5）式的解又称为主成分解，该求解方法称为主成分法。主成分法只是估计载荷矩阵多种方法中的一种，名称来源于以上原因，但不要和主成分分析混为一谈。在 SPSS 系统的因子分析中，主成分法是默认的方法，一般情况下，也是比较好的方法。

9.3 因子载荷矩阵的旋转

因子分析的目的是获得可解释的、有实际意义的公因子。但正交因子模型只是一个数学模型，所得的因子作为一个综合变量，其专业意义在许多情况下不容易解释。因子旋转就是针对这一问题提出的一种改进的方法。

对公共因子 Z 作正交变换 T（T 是一 $m \times m$ 的正交矩阵），令 $F = T'Z$，则因子模型（9.2）式变为：

$$X - \mu = ATF + \varepsilon \tag{9.6}$$

对于因子模型的假设仍然有：

$$E(F) = E(T'Z) = T'E(Z) = 0$$
$$D(F) = D(T'Z) = T'D(Z)T = I \tag{9.7}$$
$$\mathrm{Cov}(\varepsilon, F) = \mathrm{Cov}(\varepsilon, T'Z) = T'\mathrm{Cov}(\varepsilon, Z) = 0$$

（9.3）式仍然成立。

$$\begin{aligned} D(X) &= D(ATF) + D(\varepsilon) \\ &= ATD(F)T'A' + D \\ &= AA' + D \end{aligned} \tag{9.8}$$

以上三式表明，若 Z 是公共因子向量，则对其作任一正交变换 T 后，F 仍是公共因子向量；原因子模型的载荷矩阵是 A，而变换后的载荷矩阵是 AT。为解决实际问题的需要，可以多次对载荷矩阵右乘以正交矩阵，而使其更容易解释，更具有实际意义，此种方法称为正交旋转。

使因子载荷向 0 和 1 两极分化，就是因子更容易解释的一个方面，由此而称为方差最大的正交旋转。

例 9.2 打开数据文件例 9－2。如表 9－1，该文件收录了 15 个企业的 7 个主要经济指标：固定资产率（x_1）、固定资产利率（x_2）、资金利率（x_3）、资金利税率（x_4）、流动资金周转天数（x_5）、销售收入利税率（x_6）和全员劳动生产率（x_7）。试对这 7 个指标提取 2 个公共因子，作因子分析。

表9－1　样本数据

编　号	企业名称	x_1	x_2	x_3	x_4	x_5	x_6	x_7
1	康佳电子	55	17	18	27	55	32	1.8
2	茂名石化	60	20	19	28	55	33	2.9
3	华宝空调	47	15	16	23	65	33	1.5
4	三星集团	34	7.3	4.8	9.0	62	21	1.6
5	数源科技	75	29	44	56	69	41	2.1
6	中华电子	66	33	34	43	50	48	2.6
7	南方制药	68	25	28	38	63	34	2.4
8	中国长城	56	15	14	19	76	27	1.8
9	白云制药	59	20	20	29	71	33	1.8
10	五羊自行	52	21	27	35	62	39	1.7
11	广发卷烟	56	17	19	29	58	30	1.5
12	岭南通讯	61	16	17	28	61	26	1.6
13	华南冰箱	50	17	21	30	69	32	1.3
14	潮洲二轻	68	22	37	55	63	31	1.6
15	稀土高科	51	13	13	21	66	25	1.8

　　选择 *Analyze→Data Reduction→Factor*，在 Factor Analysis 对话框中，将7个变量输入 Variables；打开 *Extraction* 对话框，在 Number of factors 中键入2（因子个数）；打开 Rotation，选择 *Varimax*；返回，确定。

　　表9－2和表9－3所示为两张因子载荷矩阵表。第一张是未经旋转的，第二张是因子旋转后的。明显可以看出，旋转后的载荷矩阵比未旋转时更容易解释因子意义，现以旋转后的载荷矩阵为例说明。由于因子载荷是变量与公共因子的相关系数，因此对一个变量来说，载荷绝对值较大的因子与它关系更密切，也更能代表这个变量。按照这一观点，第一因子更能代表固定资产率、固定资产利率、资金利率、资金利税率和销售收入利税率，而第二因子则更适合代表流动资金周转天数和全员劳动生产率。从而可见，第一因子主要代表企业的固定实力（固定资产与资金），第二因子主要代表企业的管理水平。

	Component	
	1	2
固定资产率（%）	.888	.203
固定资产利率（%）	.984	－.026
资金利率（%）	.942	.276
资金利税率（%）	.908	.318
流动资金周转天数	－.288	.829
销售收入利税率（%）	.862	－.135
全员劳动生产率（万元/人年）	.585	－.596

表 9－3　Rotated Component Matrix

	Component	
	1	2
固定资产率（%）	.903	.126
固定资产利率（%）	.911	.374
资金利率（%）	.979	.077
资金利税率（%）	.962	.025
流动资金周转天数	.026	－.877
销售收入利税率（%）	.758	.433
全员劳动生产率（万元/人年）	.335	.766

9.4　因子模型的统计意义

1. 变量共同度

记载荷矩阵 A 的第 i 行元素的平方和

$$h_i^2 = \sum_{j=1}^{m} a_{ij}^2 \qquad (i = 1, \cdots, p) \qquad (9.9)$$

称为变量 X_i 的共同度（Communality）。

由计算 X_i 的方差可得

$$\mathrm{Var}(X_i) = \mathrm{Var}(\sum_{j=1}^{m} a_{ij}Z_j + \varepsilon_i)$$

$$= \sum_{j=1}^{m} a_{ij}^2 \mathrm{Var}(Z_j) + \mathrm{Var}(\varepsilon_i)$$

$$= h_i^2 + \sigma_i^2$$

这就把变量 X_i 的方差分解为两部分：一部分 h_i^2 是由公共因子产生的，对变量 X_i 的方差做出的贡献，称为公因子方差；另一部分 σ_i^2 是由特殊因子 ε_i 产生的，仅与变量 X_i 有关，称为剩余方差。对于标准化的变量，由于 $\mathrm{Var}(X_i)=1$，所以

$$1 = h_i^2 + \sigma_i^2$$

因而，共同度被理解为公共因子能够解释原有变量的程度。

2. 公共因子的方差贡献

记载荷矩阵 A 的第 j 列元素的平方和

$$q_j^2 = \sum_{i=1}^{p} a_{ij}^2 \qquad (j = 1, \cdots, m) \tag{9.10}$$

称为公共因子 Z_j 对总体 X 的贡献（Initial Eigenvalues）。

方差贡献是衡量公共因子相对重要性的指标。显然，q_j^2 越大，Z_j 对 X 的贡献就越大，Z_j 就越重要。由因子模型的主成分法解可知

$$q_j^2 = \lambda_j \qquad (j = 1, \cdots, m)$$

即在该解中，因子的顺序就是其贡献大小的排序。

称以下两式分别是因子 Z_j 的方差贡献率和前 t 个因子的累计方差贡献率

$$\frac{\lambda_j}{\sum_{i=1}^{p} \lambda_i} \qquad (j = 1, \cdots, m)$$

$$\frac{\sum_{j=1}^{t} \lambda_j}{\sum_{i=1}^{p} \lambda_i} \qquad (t = 1, \cdots, m)$$

例9.3 同例9.2，表9-4是变量共同度表，其中的 Extraction 一栏表示共同度的值。因为共同度取值区间为 $[0,1]$，所以不妨认为共同度的值是一个比率，例如：固定资产率的共同度为 0.831，可以看做两个公共因子能够解释固定资产率方差的 83.1%。

表9-4 Communalities

	Initial	Extraction
固定资产率（%）	1.000	.831
固定资产利率（%）	1.000	.969
资金利率（%）	1.000	.964
资金利税率（%）	1.000	.926
流动资金周转天数	1.000	.770
销售收入利税率（%）	1.000	.761
全员劳动生产率（万元/人年）	1.000	.698

表9-5是方差解释表。Initial Eigenvalues 一栏中的 Total 便是每个公共因子的方差贡献值，系统计算出全部 7 个因子的方差贡献值，并按降序排列。% of Variance 系每个因子的方差贡献占总方差的比率，即方差贡献率。其后的 Extraction Sums of Squared Loadings 表示在未经旋转时，被提取的 2 个公共因子（表中为第一、第二因子）各自方差贡献值以及方差贡献率。从中可以看到，在未经旋转时，提取的第一公共因子的方差值为 4.638，方差贡献率 66.262%；第二公共因子的方差值为 1.281，方差贡献率 18.295%。同时，两个公共因子可以解释总方差的 84.557%，也就是说：总体近 85% 的信息可以由这两个公共因子来解释。最后一栏 Rotation Sums of Squared Loadings 表示经过 Varimax 旋转后，得到的新公共因子的方差贡献值、方差贡献率和累计方差贡献率。可以看到，和未经旋转相比，每个因子的方差贡献值有变化，但累计方差贡献率不变。

表 9-5　Total Variance Explained

Component	Initial Eigenvalues			Extraction Sums of Squared Loadings			Rotation Sums of Squared Loadings		
	Total	% of Variance	Cumulative %	Total	% of Variance	Cumulative %	Total	% of Variance	Cumulative %
1	4.638	66.262	66.262	4.638	66.262	66.262	4.214	60.195	60.195
2	1.281	18.295	84.557	1.281	18.295	84.557	1.705	24.362	84.557
3	.581	8.296	92.853						
4	.393	5.610	98.463						
5	.092	1.309	99.772						
6	.014	.194	99.966						
7	.002	.034	100.000						

若提取 3 个公共因子，变量共同度和方差贡献会有如表 9-6、表 9-7 所示变化。

表 9-6　Communalities

	Initial	Extraction
固定资产率（%）	1.000	.874
固定资产利率（%）	1.000	.970
资金利率（%）	1.000	.982
资金利税率（%）	1.000	.955
流动资金周转天数	1.000	.949
销售收入利税率（%）	1.000	.783
全员劳动生产率（万元/人年）	1.000	.987

表 9 − 7　Total Variance Explained

Component	Initial Eigenvalues			Extraction Sums of Squared Loadings			Rotation Sums of Squared Loadings		
	Total	% of Variance	Cumulative %	Total	% of Variance	Cumulative %	Total	% of Variance	Cumulative %
1	4. 638	66. 262	66. 262	4. 638	66. 262	66. 262	4. 076	58. 233	58. 233
2	1. 281	18. 295	84. 557	1. 281	18. 295	84. 557	1. 278	18. 253	76. 487
3	.581	8. 296	92. 853	.581	8. 296	92. 853	1. 146	16. 367	92. 853
4	.393	5. 610	98. 463						
5	.092	1. 309	99. 772						
6	.014	.194	99. 966						
7	.002	.034	100. 000						

9.5　因子得分

有了因子模型及因子载荷矩阵后，反过来要考虑从公共因子出发到样品的估计，即因子得分。为达此目的，需要把公共因子表示成变量的线性函数。由于公共因子是不可观测的，所以，因子得分不是一般意义下的参数估计，而是对公共因子取值的估计。

把每个公共因子表示成原变量的线性组合
$$Z_j = b_{j1}X_1 + b_{j2}X_2 + \cdots + b_{jp}X_p \qquad (j = 1, \cdots, m) \qquad (9.11)$$
称为因子得分函数。用它可以计算出每个观察值在各公共因子上的取值，从而在一定程度上解决了公共因子不可观察的问题。

设 R 是样本相关矩阵，利用回归分析方法可得因子得分函数的估计为
$$\hat{Z} = AR^{-1}X \qquad (9.12)$$
或写成
$$Z_j = a_j R^{-1} X \qquad (j = 1, \cdots, m) \qquad (9.13)$$
该式即为因子得分的计算公式。

通过因子得分，可对样品在某些指标上的特点进行解释。另外，可通过计算综合得分反映样品的综合情况。综合得分即为因子得分加权求和，权数取相应的因子方差贡献率。记第 i 个样品的综合得分为
$$s_i(Z) = \sum_{j=1}^{m} \left(\frac{\lambda_j}{\sum_{i=1}^{p} \lambda_i} \right) s_{ij} \qquad (i = 1, \cdots, n) \qquad (9.14)$$
$$s_{ij} = a_j R^{-1} x_{(i)} \qquad (i = 1, \cdots, n; j = 1, \cdots, m)$$

例9.4 在例9.2的基础上，打开 *Scores*，选择 *Save as variables* 项中的 *Regression* 选项，以及 *Display factor score coefficient matrix* 选项。表9–8是因子得分系数矩阵，它给出因子得分公式

$$Z_1 = 0.235x_1 + 0.191x_2 + 0.266x_3 + 0.271x_4 + 0.172x_5 + 0.136x_6 - 0.048x_7$$
$$Z_2 = -0.08x_1 + 0.094x_2 - 0.129x_3 - 0.163x_4 - 0.627x_5 + 0.165x_6 + 0.48x_7$$

表9–8 **Component Score Coefficient Matrix**

	Component	
	1	2
固定资产率（%）	.235	-.080
固定资产利率（%）	.191	.094
资金利率（%）	.266	-.129
资金利税率（%）	.271	-.163
流动资金周转天数	.172	-.627
销售收入利税率（%）	.136	.165
全员劳动生产率（万元/人年）	-.048	.480

如表9–9所示，在数据文件中增加了两列：FAC1_1（第一因子得分）和 FAC2_1（第二因子得分）。数源科技以2.13081的得分名列第一因子得分榜首，而中华电子则以2.20625分居第二因子得分首位。说明这两个企业前者实力雄厚，后者管理强劲。

而综合得分公式为

$$s = 0.60195Z_1 + 0.24362Z_2$$

表9–9的列 s 即为根据此公式由功能 *Transform→Compute* 计算而得。结果是中华电子以1.19分居榜首，数源科技以1.12分紧随其后。

表9–9 因子得分

编 号	企业名称	FAC1_1	FAC2_1	s
1	康佳电子	-0.51743	0.67848	-0.15
2	茂名石化	-0.38121	1.90764	0.24
3	华宝空调	-0.58730	-0.33833	-0.44
4	三星集团	-2.05081	0.07274	-1.22
5	数源科技	2.13081	-0.65022	1.12

编　号	企业名称	FAC1_1	FAC2_1	s
6	中华电子	1.09053	2.20625	1.19
7	南方制药	0.69077	0.48866	0.53
8	中国长城	−0.37455	−1.25919	−0.53
9	白云制药	0.18826	−0.70788	−0.06
10	五羊自行	0.27518	0.06676	0.18
11	广发卷烟	−0.38417	0.05768	−0.22
12	岭南通讯	−0.34566	−0.23731	−0.27
13	华南冰箱	−0.09635	−1.10576	−0.33
14	潮洲二轻	1.23835	−0.89192	0.53
15	稀土高科	−0.87642	−0.28760	−0.60

需要说明的是，不管是因子得分，还是综合得分，分数的大小只表明了样品的相对位置，而本身并没有其他的实际意义。

9.6　因子分析模型效果的检验

和任何统计分析问题一样，因子分析也要求样本具有一定的容量。这从两个方面来说：从变量个数 p 考量，有一种看法认为样本容量 n 应有 $n > 5p$；即使这样，样本容量也不能太少，一般应在 100 以上。以上要求在实际问题中往往都达不到。这时可以适当放宽要求，结合检验来判断结果的可靠性。

通过相关阵检验（Bartlett 球形检验）来判断各变量是否独立。只有在原假设：各变量相互独立被拒绝，因子分析才能进行。

通过 KMO 检验检查各变量间的偏相关性，用来判断因子分析效果：$0 \leqslant$ KMO $\leqslant 1$。通常使用的标准是：当 KMO > 0.7，因子分析效果较好，当然越大越好；当 KMO < 0.5，此时不适合用因子分析法。

因子分析得到的公共因子应该可以解释，即有实际意义。否则，就应该重新设计原始变量集合。

例 9.5　以上这个问题的样本容量显然偏小，因此在例 9.2 的基础之上，必须做检验，验证因子分析是否有效。单击 *Descriptives*，选择 *KMO and Barlett's test of sphericity*。这样，在因子分析时就会输出表 9−10 所示结果。

表 9 – 10　　**KMO and Bartlett's Test**

Kaiser-Meyer-Olkin Measure of Sampling Adequacy.		.646
Bartlett's Test of Sphericity	Approx. Chi-Square	134.579
	df	21
	Sig.	.000

　　KMO 值为 0.646，小于 0.7，但大于 0.5。效果差一些，但可供参考。而 Bartlett 检验值 Sig. = 0.000，变量间的相关性不显著，故可以做因子分析。

9.7　主成分分析

　　主成分法是因子分析的一个重要方法，尽管它不是主成分分析，但与总体的主成分很相似（仅差一个常数倍）；此外，主成分分析本身也是一个很具实用价值的统计分析方法。基于这两个原因，将主成分分析的基本概念与方法做一些简单介绍。

1. 主成分定义及其解

　　设有总体 $X = (X_1, \cdots, X_p)'$，选择适当的 $u_1 = (u_{11}, \cdots, u_{1p})'$，使总体各分量的线性组合

$$f_1 = \sum_{j=1}^{p} u_{1j}X_j = u_1'X \tag{9.15}$$

的方差 $\mathrm{Var}(f_1)$ 最大化，即最大限度地反映原变量 X 的信息。

　　由于对 u_1 取任一常数倍 c，则依据方差性质有 $\mathrm{Var}(cf_1) = c^2\mathrm{Var}(f_1)$。因此，若对 u_1 不加任何制约条件，势必使方差达到无穷。为此，提出约束条件：

$$|u_1|^2 = u_1'u_1 = \sum_{j=1}^{p} u_{1j} = 1$$

在此单位化的约束条件下，通过方差最大化得到的新变量 f_1 称为总体的第一主分量，也叫第一主成分（1st Principle Component）。

　　如果第一主成分不足以反映原变量的大部分信息，还可以求第二、第三及更多的主成分。一般的称总体的第 $i(\leqslant p)$ 个主成分为

$$f_i = \sum_{j=1}^{p} u_{ij}X_j = u_i'X \qquad (i = 1, \cdots, p)$$

$$u_i = (u_{i1}, \cdots, u_{ip})' \tag{9.16}$$

同时，满足条件

　　（1）方差 $\mathrm{Var}(f_i)$ 达到最大；

（2） $|\boldsymbol{u}_i|^2 = \boldsymbol{u}_i' \boldsymbol{u}_i = \sum\limits_{j=1}^{p} u_{ij} = 1$；

（3） $\mathrm{Cov}(f_j, f_i) = \boldsymbol{u}_j' D(\boldsymbol{X}) \boldsymbol{u}_i = 0 \quad (i > 1; j = 1, \cdots, i-1)$。

设总体协方差阵 $D(\boldsymbol{X}) = \boldsymbol{V}$，特征值为 $\lambda_1 \geqslant \cdots \geqslant \lambda_p \geqslant 0$，相应的正交单位特征向量为 $\boldsymbol{u}_1, \cdots, \boldsymbol{u}_p$，则以其为系数的线性函数即是满足（9.16）式的第 i（$i = 1, \cdots, p$）个主成分。

2. 主成分的性质

记总体协方差阵为 $\boldsymbol{V} = (\sigma_{ij})_{p \times p}$，特征值对角阵为 $\boldsymbol{\Lambda} = \mathrm{diag}(\lambda_1, \cdots, \lambda_p)$，由正交单位特征向量组成的正交阵为 $\boldsymbol{U} = (\boldsymbol{u}_1, \cdots, \boldsymbol{u}_p)$，主成分向量为 $\boldsymbol{f} = (f_1, \cdots, f_p)'$，则

$$\boldsymbol{f} = \boldsymbol{U}' \boldsymbol{X}$$
$$\boldsymbol{X} = \boldsymbol{U} \boldsymbol{f} \tag{9.17}$$

依据（9.17）式及主成分的解，不难得到主成分的协方差阵为 $D(\boldsymbol{f}) = \boldsymbol{\Lambda}$，即

$$\boldsymbol{\Lambda} = \boldsymbol{U} \boldsymbol{V} \boldsymbol{U}'$$
$$\mathrm{Var}(f_i) = \lambda_i \quad (i = 1, \cdots, p) \tag{9.18}$$

由矩阵性质有

$$\sum\limits_{i=1}^{p} \sigma_{ii} = \sum\limits_{i=1}^{p} \lambda_i \tag{9.19}$$

从而可考虑把系统总方差用前 $m(m < p)$ 个主成分来替代

$$\sum\limits_{i=1}^{p} \sigma_{ii} \approx \sum\limits_{i=1}^{m} \lambda_i$$

以下两式分别称为主成分 f_i 的方差贡献率和前 m 个主成分的累计方差贡献率。

$$\gamma_i = \frac{\lambda_i}{\sum\limits_{k=1}^{p} \lambda_k} \quad (i = 1, \cdots, p)$$

$$\eta_m = \sum\limits_{i=1}^{m} \gamma_i = \frac{\sum\limits_{i=1}^{m} \lambda_i}{\sum\limits_{k=1}^{p} \lambda_k} \quad (m = 1, \cdots, p) \tag{9.20}$$

称主成分 f_i 与原变量 X_j 的相关系数

$$\rho(f_i, X_j) = \frac{u_{ij} \sqrt{\lambda_i}}{\sqrt{\sigma_{jj}}} \quad (i, j = 1, \cdots, p) \tag{9.21}$$

为变量 X_j 在主成分 f_i 上的负荷。

由于主成分彼此不相关，还有

$$\sigma_{jj} = \sum_{i=1}^{p} u_{ij}^2 \lambda_i \qquad (j = 1, \cdots, p) \qquad (9.22)$$

它表明变量 X_j 的信息变化是怎样分配到各个主成分上去的。按照这个等式，主成分 f_i 从变量 X_j 提取的信息量为 $u_{ij}^2 \lambda_i$。从而，主成分 f_i 从变量 X_j 提取的信息占变量 X_j 全部信息的比率恰好就是

$$\rho^2(f_i, X_j) = \frac{u_{ij}^2 \lambda_i}{\sigma_{jj}}$$

习　题

1. 数据文件《乡镇经济收益》中记录了某县 18 个乡镇在 2007 年的经济收益情况。试对变量做因子分析：

（1）如按默认功能去做，能得到几个公共因子？公共因子能反映变量多少信息？有哪些变量的信息得不到充分反映？

（2）现要求公共因子反映全体变量 90% 以上总信息，至少要提取几个公共因子？这时公共因子能反映变量多少总信息？原来 1 中信息得不到充分反映的变量，现在有何改变？

（3）接（2），写出因子模型。与变量 x_8 相关性最强的是哪个因子？与变量 x_4 相关性最弱的是哪个因子？

（4）接（3），第一因子代表哪些变量？因子得分模型是什么？哪个乡镇的第一因子得分最高？哪个乡镇的第三因子得分最低？

2. 数据文件：LosAngel。做因子分析：

（1）提取 2 个公共因子；

（2）若以解释变量信息的 90% 为标准，这两个公共因子有没有能力从整体到个体充分解释所有变量？降为 85% 呢？提高到 95% 呢？

（3）写出因子模型。

（4）每个因子都代表哪些变量？有些什么实际意义？

（5）对每个社区按综合积分排队，写出前三名的编号。

附录 1　SPSS 菜单说明

SPSS 主画面的菜单栏由 10 个下拉式菜单组成。具体功能说明如下：

1. File—文件管理

过程及子过程		释义
New 新 建 文 件	Data	新建数据文件
	Syntax	新建语法命令程序文件
	Output	新建输出结果文件
	Draft Output	设计新的草稿输出结果文件
	Script	新建脚本文件
Open 打 开 文 件	Data	打开数据文件
	Syntax	打开语法命令程序文件
	Output	打开输出结果文件
	Script	打开手稿文件
	Other	打开其他文件
Open Database 打开 数据库	New Query	新建查询
	Edit Query	编辑查询
	Run Query	运行查询
Read Text Data		读取数据文本文件
Save		保存当前数据文件
Save As		另存当前文件为其他类型文件
Mark File Read Only		将数据文件标记为只读文件
Display Data File Information 显示数 据文件信息	Working File	正在运行的文件
	External File	外部文件
Cache Data		隐藏数据
Stop Processor		停止 SPSS 处理过程
Switch Server		切换服务
Print Preview		打印预览
Print		打印
Recently Used Data		最近使用的数据文件
Recently Used Files		最近使用的文件
Exit		退出 SPSS

2. Edit—数据编辑

过程	释义
Undo	撤销操作
Redo	重做
Cut	剪切数据
Copy	复制数据
Paste	粘贴数据
Paste Variables	粘贴变量
Clear	清除数据
Find	搜索数据
Options	选项

3. View—视图

过程	释义
Status Bar	状态条
Toolbars	工具条
Fonts	字体
Grid Lines	方格线
Value Labels	值标签
Variables	变量

4. Data—数据管理

过程及子过程	释义
Define Variable Properties	定义变量属性
Copy Data Properties	复制数据属性
Define Dates	定义日期
Insert Variable	插入变量
Insert Case	插入个案
Go To Case	个案定位

过程及子过程		释义
Sort Case		个案排序
Transpose		行列转置
Restructure		数据重组
Merge Files 合并文件	Add Cases	增加个案
	Add Variables	增加变量
Aggregate		汇总数据
Identify Duplicate Cases		识别重复个案
Orthogonal Design 正交设计	Generate	产生
	Display	显示
Split File		拆分文件
Select Cases		选择个案
Weight Cases		个案加权

5. Transform—转换

过程及子过程		释义
Compute		计算
Recode 重新编码	Into Same Variables	到同一变量
	Into Different Variables	到不同变量
Visual Bander		可视化分组
Count		计数
Rank Cases		个案排秩
Automatic Recode		自动重新编码
Date/Time		日期/时间
Create Time Series		建立时间序列
Replace Missing Values		替换缺失值
Random Number Generators		随机数发生器
Run Pending Transforms		运行待解决的变量变换

6. Analyze—统计分析

过程及子过程		释义
Reports 统计 报表	OLAP Cubes	在线分层分析
	Case Summaries	个案汇总
	Report Summaries in Rows	按行报表汇总
	Report Summaries in Column	按列报表汇总
Descriptive Statistics 描述性 统计 分析	Frequencies	频数分布分析
	Descriptives	描述性分析
	Explore	探索性分析
	Crosstabs	列联表分析
	Ratio	比率统计分析
Tables 报表	Custom Tables	自定义表
	Multiple Reponses Sets	多响应数据集
	Basic Tables	基本表
	General Tables	广义表
	Multiple Reponses Tables	多响应表
	Tables of Frequencies	频数表
Compare Means 均数 比较 分析	Means	平均数分析
	One-Simple T Test	单样本 t 检验
	Independent-Simples T Test	独立样本 t 检验
	Paired-Simples T Test	配对样本 t 检验
	One-Way ANOVA	单因素方差分析
General Linear Model 广义线 性模型	Univariate	单变量方差分析
	Multivarite	多元方差分析
	Repeated Measures	重复测量方差分析
	Variance Components	方差成分分析
Mix Models 混合模型	Linear	混合线性模型
Correlate 相关 分析	Bivariate	相关分析
	Partial	偏相关分析
	Distances	距离相关分析

过程及子过程		释义
Regression 回 归 分 析	Linear	线性回归分析
	Curve Estimation	曲线参数估计
	Binary Logistic	二值逻辑回归分析
	Multinomial Logistic	多项逻辑回归分析
	Ordinal	有序回归分析
	Probit	概率单位法
	Nonlinear	非线性回归分析
	Weight Estimation	权重估计
	2-Stage Least Square	二阶段最小二乘回归分析
	Optimal Scaling	优化尺度
Loglinear 对数线性 分析	General	广义对数线性分析
	Logit	Logit 对数线性分析
	Model Selection	模型选择对数线性分析
Classify 分类 分析	TwoStep Cluster	二阶段聚类分析
	K-Means Cluster	逐步聚类分析
	Hierarchical Cluster	系统聚类分析
	Tree	树分类
	Discriminant	判别分析
Data Reduction 数据简化	Factor	因子分析
	Correspondence Analysis	对应分析
	Optimal Scaling	最优尺度
Scale 尺度 分析	Reliability Analysis	可靠性分析
	Multidimensional Scaling （PROXSCAL）	多维尺度分析
	Multidimensional Scaling （ALSCAL）	多维邻近尺度分析
Nonpara- metric Tests 非参数 检验	Chi-Square	χ^2 检验
	Binomial	二项式检验
	Runs	游程检验
	1-Sample K－S	单样本检验
	2-Independent Samples	两独立样本非参数检验
	K Independent Samples	多个独立样本非参数检验
	2-Related Samples	两相关样本非参数检验
	K Related Samples	多个相关样本非参数检验

过程及子过程		释义
Time Series 时间序列分析	Exponential Smoothing	指数平滑法
	Autoregression	自回归分析
	ARIMA	自回归移动平均模型
	Seasonal Decomposition	季节分解法
Survival 生存分析	Life Tables	寿命表
	Kaplan-Meier	Kaplan-Meier 法
	Cox Regression	Cox 回归分析
	Cox W/ Time-Dep Cov	含时间–依赖协变量的 Cox 回归分析
Multiple Response 多重反应	Define Sets	定义数据集
	Frequencies	频数分析
	Crosstabs	列联表分析
Missing Value Analysis		缺失值分析
Complex Sample 复合抽样分析	Select a Sample	选择样本
	Prepare for Analysis	分析准备
	Frequencies	频数分析
	Descriptives	描述性分析
	Crosstabs	列联表分析
	Ratios	比率统计分析
	General Linear Model	广义线性模型
	Logistic Regression	Logistic 回归

7. Graphs—统计图

过程及子过程		释义
Gallery		图形描述
Interactive 交互图	Bar	条形图
	Dot	圆点
	Line	线图
	Ribbon	带状图
	Drop-Line	垂线图
	Area	区域图
	Pie	饼图
	Boxplot	箱形图
	Error Bar	误差条形图
	Histogram	直方图
	Scatterplot	散点图

过程及子过程		释义
Map 绘图	Range of Values	数值范围图
	Graduated Symbol	刻度符号
	Dot Density	点密度图
	Individual Values	单值
	Bar Chart	条形图
	Pie Chart	饼图
	Multiple Themes	多重主题层
Bar		条形图
3 – D Bar		3 – D 条形图
Line		线图
Area		区域图
Pie		饼图
High-Low		高低图
Pareto		帕累托图
Control		控制图
Boxplot		箱形图
Error Bar		误差条形图
Population Pyramid		金字塔图
Scatter/Dot		散点图/圆点
Histogram		直方图
P – P		P – P 图
Q – Q		Q – Q 图
Sequence		序列图
ROC Curve		ROC 曲线
Time Series 时间序列图	Autocorrelations	自相关图
	Cross-Correlations	交互相关图
	Spectral	谱图

8. Utilities—实用程序

过程	释义
Variables	变量
OMS Control Panel	OMS 控制板
OMS Identifiers	OMS 标识符
Data File Comments	数据文件注释

过程	释义
Define Sets	定义设置
Use Sets	使用设置
Run Script	运行脚本文件
Menu Editor	菜单编辑

9. Windows—视窗控制

过程	释义
Split	拆分视窗
Minimize All Windows	最小化所有视窗

10. Help—在线帮助

过程	释义
Topics	主题
Tutorial	指导
Case Studies	个案研究
Statistics Coach	统计辅导
Command Syntax Reference	语法命令参考
SPSS Home Page	SPSS 主页
About	关于 SPSS
Register Product	注册产品

附录 2 统计专业词汇英汉对照表

A

Absolute deviation，绝对离差

Absolute number，绝对数

Absolute residuals，绝对残差

Acceptable hypothesis，可接受假设

Accumulation，累积

Accuracy，准确度

Actual frequency，实际频数

Adaptive estimator，自适应估计量

Addition，相加

Addition theorem，加法定理

Additivity，可加性

Adjusted rate，调整率

Adjusted value，校正值

Admissible error，容许误差

Aggregation，聚集性

Alternative hypothesis，备择假设

Among groups，组间

Amounts，总量

Analysis of correlation，相关分析

Analysis of covariance，协方差分析

Analysis of regression，回归分析

Analysis of time series，时间序列分析

Analysis of variance，方差分析

ANOVA（analysis of variance），方差分析

Anova models，方差分析模型

Arcing，弧/弧旋

Arcsine transformation，反正弦变换

Area under the curve，曲线面积

Attribution，属性

Autocorrelation，自相关

Autocorrelation of residuals，残差的自相关

Average，平均数

Average confidence interval length，平均置信区间长度

Average growth rate，平均增长率

B

Bar chart，条形图

Bar graph，条形图

Bayes theorem，Bayes 定理

Bernoulli distribution，伯努力分布

Binary logistic regression，二元逻辑斯蒂回归

Binomial distribution，二项分布

Bisquare，双平方

Bivariate Correlate，二变量相关

Bivariate normal distribution，双变量正态分布

Bivariate normal population，双变量正态总体

Biweight interval，双权区间

Biweight M-estimator，双权 M 估计量

Block，区组/配伍组

BMDP（Biomedical computer programs），统计软件包

Boxplots，箱线图/箱尾图

C

Canonical correlation，典型相关

Categorical variable，分类变量

Cauchy distribution，柯西分布

Cause-and-effect relationship，因果关系

Cell，单元

Central tendency，集中趋势

Central value，中心值

Chance error，随机误差

Chance variable，随机变量

Characteristic equation，特征方程

Characteristic root，特征根

Characteristic vector，特征向量

Chebshev criterion of fit，拟合的切比雪夫准则

Chernoff faces，切尔诺夫脸谱图

Chi-square test，卡方检验/χ^2检验

Circle chart，圆图

Class interval，组距

Class mid-value，组中值

Class upper limit，组上限

Classified variable，分类变量

Cluster analysis，聚类分析

Cluster sampling，整群抽样

Code，代码

Coded data，编码数据

Coding，编码

Coefficient of contingency，列联系数

Coefficient of determination，决定系数

Coefficient of multiple correlation，多重相关系数

Coefficient of partial correlation，偏相关系数

Coefficient of production-moment correlation，积差相关系数

Coefficient of rank correlation，等级相关系数

Coefficient of regression，回归系数

Coefficient of skewness，偏度系数

Coefficient of variation，变异系数

Cohort study，队列研究

Column，列

Column effect，列效应

Column factor，列因素

Combination pool，合并

Combinative table，组合表

Common factor，共性因子

Common regression coefficient，公共回归系数

Common value，共同值

Common variance，公共方差

Common variation，公共变异

Communality variance，共性方差

Comparability，可比性

Comparison of bathes，批比较

Comparison value，比较值

Compartment model，分部模型

Compassion，伸缩

Complement of an event，补事件

Complete association，完全正相关

Complete dissociation，完全不相关

Complete statistics，完备统计量

Completely randomized design，完全随机化设计

Composite event，联合事件

Composite events，复合事件

Concavity，凹性

Conditional expectation，条件期望

Conditional likelihood，条件似然

Conditional probability，条件概率

Conditionally linear，依条件线性

Confidence interval，置信区间

Confidence limit，置信限

Confidence lower limit，置信下限

Confidence upper limit，置信上限

Confirmatory Factor Analysis ，验证性因子分析

Conjoint，联合分析

Consistency check，一致性检验

Constrained nonlinear regression，受约束非线性回归

Constraint，约束

Contaminated distribution，污染分布

Contaminated Gausssian，污染高斯分布

Contaminated normal distribution，污染正态分布

Contamination，污染

Contamination model，污染模型

Contingency table，列联表

Contour，边界线

Contribution rate，贡献率

Control，对照

Controlled experiments，对照实验

Conventional depth，常规深度

Convolution，卷积

Corrected factor，校正因子

Corrected mean，校正均值

Correction coefficient，校正系数

Correctness，正确性

Correlation coefficient，相关系数

Correlation index，相关指数

Correspondence，对应

Counting，计数

Counts，计数/频数

Covariance，协方差

Covariant，共变

Cox Regression，Cox 回归

Criteria for fitting，拟合准则

Criteria of least squares，最小二乘准则

Critical ratio，临界比

Critical region，拒绝域

Critical value，临界值

Cross-over design，交叉设计

Cross-section analysis，横断面分析

Cross-section survey，横断面调查

Crosstabs ，交叉表

Cross-tabulation table，复合表

Cube root，立方根

Cumulative distribution function，分布函数

Cumulative probability，累计概率

Curvature，曲率/弯曲

Curvature，曲率

Curve fit ，曲线拟合

Curve fitting，曲线拟合

Curvilinear regression，曲线回归

Curvilinear relation，曲线关系

Cut-and-try method，尝试法

Cycle，周期

Cyclist，周期性

D

D test，D 检验

Data acquisition，资料收集

Data bank，数据库

Data capacity，数据容量

Data deficiencies，数据缺乏

Data handling，数据处理

Data manipulation，数据处理

Data processing，数据处理

Data reduction，数据缩减

Data set，数据集

Data sources，数据来源

Data transformation，数据变换

Data validity，数据有效性

Data-in，数据输入

Data-out，数据输出

Dead time，停滞期

Degree of freedom，自由度

Degree of precision，精密度

Degree of reliability，可靠性程度

Degression，递减

Density function，密度函数

Density of data points，数据点的密度

Dependent variable，应变量/依变量/因变量

Dependent variable，因变量

Depth，深度

Derivative matrix，导数矩阵

Derivative-free methods，无导数方法

Design，设计

Determinacy，确定性

Determinant，行列式

Determinant，决定因素

Deviation，离差

Deviation from average，离均差

Diagnostic plot，诊断图

Dichotomous variable，二分变量

Differential equation，微分方程

Direct standardization，直接标准化法

Discrete variable，离散型变量

Discriminant，判断

Discriminant analysis，判别分析

Discriminant coefficient，判别系数

Discriminant function，判别值

Dispersion，散布/分散度

Distribution free，分布无关性/免分布

Distribution shape，分布形状

Distribution-free method，任意分布法

Distributive laws，分配律

Disturbance，随机扰动项

Double exponential distribution，双指数分布

Double logarithmic，双对数

Downward rank，降秩

E

Effect，实验效应

Eigenvalue，特征值

Eigenvector，特征向量

Ellipse，椭圆

Empirical distribution，经验分布

Empirical probability，经验概率单位

Enumeration data，计数资料

Equal sun-class number，相等次级组含量

Equally likely，等可能

Equivariance，同变性

Error，误差/错误

Error of estimate，估计误差

Error type I，第一类错误

Error type II，第二类错误

Estimand，被估量

Estimated error mean squares，估计误差均方

Estimated error sum of squares，估计误差平方和

Euclidean distance，欧式距离

Event，事件

Exceptional data point，异常数据点

Expectation plane，期望平面

Expectation surface，期望曲面

Expected values，期望值

Experiment，实验

Experimental sampling，试验抽样

Experimental unit，试验单位

Explanatory variable，说明变量

Exploratory data analysis，探索性数据分析

Explore Summarize，探索－摘要

Exponential curve，指数曲线

Exponential growth，指数式增长

Exsmooth，指数平滑方法

Extended fit，扩充拟合

Extra parameter，附加参数

Extrapolation，外推法

Extreme observation，末端观测值

Extremes，极端值/极值

F

F distribution，F 分布

F test，F 检验

Factor，因素/因子

Factor analysis，因子分析

Factor score，因子得分

Factorial，阶乘

Finite population，有限总体

Finite-sample，有限样本

First derivative，一阶导数

First principal component，第一主成分

First quartile，第一四分位数

Fisher information，费雪信息量

Fitted value，拟合值
Fitting a curve，曲线拟合
Fixed base，定基
Fluctuation，随机起伏
Forecast，预测
Four fold table，四格表
Fourth，四分点
Fraction blow，左侧比率
Fractional error，相对误差
Frequency，频率
Frequency polygon，频数多边图
Frontier point，界限点
Function relationship，泛函关系

G

Gamma distribution，伽玛分布
Gaussian distribution，高斯分布/正态分布
General census，全面普查
GENLOG（Generalized liner models），广义线性模型
Geometric mean，几何平均数
Gini's mean difference，基尼均差
GLM（General liner models），通用线性模型
Goodness of fit，拟合优度/配合度
Gradient of determinant，行列式的梯度
Graeco-Latin square，希腊拉丁方
Grand mean，总均值
Gross errors，重大错误
Gross-error sensitivity，大错敏感度
Group averages，分组平均
Grouped data，分组资料
Guessed mean，假定平均数

H

Hampel M-estimators，汉佩尔 M 估计量
Happenstance，偶然事件
Harmonic mean，调和均数
Hazard function，风险均数

Hazard rate，风险率

Heavy-tailed distribution，重尾分布

Heterogeneity，不同质

Heterogeneity of variance，方差不齐

Hierarchical classification，组内分组

Hierarchical clustering method，系统聚类法

High-leverage point，高杠杆率点

Hiloglinear，多维列联表的层次对数线性模型

Hinge，折叶点

Histogram，直方图

Historical cohort study，历史性队列研究

Holes，空洞

Homals，多重响应分析

Homogeneity of variance，方差齐性

Homogeneity test，齐性检验

Huber M-estimators，休伯 M 估计量

Hyperbola，双曲线

Hypothesis testing，假设检验

Hypothetical universe，假设总体

I

Impossible event，不可能事件

Independence，独立性

Independent variable，自变量

Index，指标/指数

Indirect standardization，间接标准化法

Individual，个体

Inference band，推断带

Infinite population，无限总体

Infinitely great，无穷大

Infinitely small，无穷小

Influence curve，影响曲线

Information capacity，信息容量

Initial condition，初始条件

Initial estimate，初始估计值

Initial level，最初水平

Interaction，交互作用

Interaction terms，交互作用项

Intercept，截距

Interpolation，内插法

Interquartile range，四分位距

Interval estimation，区间估计

Intervals of equal probability，等概率区间

Intrinsic curvature，固有曲率

Invariance，不变性

Inverse matrix，逆矩阵

Inverse probability，逆概率

Inverse sine transformation，反正弦变换

Iteration，迭代

J

Jacobian determinant，雅可比行列式

Joint distribution function，分布函数

Joint probability，联合概率

Joint probability distribution，联合概率分布

K

K means method，逐步聚类法

Kendall's rank correlation，Kendall 等级相关

Kolmogorov-Smirnove test，柯尔莫哥洛夫 – 斯米尔诺夫检验

Kurtosis，峰度

L

Large sample，大样本

Large sample test，大样本检验

Latin square，拉丁方

Latin square design，拉丁方设计

Least significant difference，最小显著差法

Least square method，最小二乘法

Least-absolute-residuals estimates，最小绝对残差估计

Least-absolute-residuals fit，最小绝对残差拟合

Least-absolute-residuals line，最小绝对残差线

Legend，图例

L-estimator，L 估计量

L-estimator of location，位置 L 估计量

L-estimator of scale，尺度 L 估计量

Level，水平

Life expectance，预期期望寿命

Life table，寿命表

Life table method，生命表法

Light-tailed distribution，轻尾分布

Likelihood function，似然函数

Likelihood ratio，似然比

line graph，线图

Linear correlation，直线相关

Linear equation，线性方程

Linear programming，线性规划

Linear regression，直线回归

Linear Regression，线性回归

Linear trend，线性趋势

Loading，载荷

Location and scale equivariance，位置尺度同变性

Location equivariance，位置同变性

Location invariance，位置不变性

Location scale family，位置尺度族

Log rank test，时序检验

Logarithmic curve，对数曲线

Logarithmic normal distribution，对数正态分布

Logarithmic scale，对数尺度

Logarithmic transformation，对数变换

Logic check，逻辑检查

Logistic distribution，逻辑斯特分布

Logit transformation，Logit 转换

Loglinear，多维列联表通用模型

Lognormal distribution，对数正态分布

Lost function，损失函数

Low correlation，低度相关

Lower limit，下限

Lowest-attained variance，最小可达方差

LSD，最小显著差法的简称

Lurking variable，潜在变量

M

Main effect，主效应

Major heading，丰辞标目

Marginal density function，边缘密度函数

Marginal probability，边缘概率

Marginal probability distribution，边缘概率分布

Matched data，配对资料

Matched distribution，匹配过分布

Matching of distribution，分布的匹配

Matching of transformation，变换的匹配

Mathematical expectation，数学期望

Mathematical model，数学模型

Maximum L-estimator，极大极小 L 估计量

Maximum likelihood method，最大似然法

Mean，均数

Mean squares between groups，组间均方

Mean squares within group，组内均方

Means（Compare means），均值－均值比较

Median，中位数

Median polish，中位数平滑

Median test，中位数检验

Minimal sufficient statistic，最小充分统计量

Minimum distance estimation，最小距离估计

Minimum effective dose，最小有效量

Minimum variance estimator，最小方差估计量

Missing data，缺失值

Model specification，模型的确定

Modeling Statistics，模型统计

Models for outliers，离群值模型

Modifying the model，模型的修正

Modulus of continuity，连续性模

Most favorable configuration，最有利构形

Multidimensional Scaling（ASCAL），多维尺度/多维标度

Multinomial Logistic Regression，多项逻辑斯蒂回归

Multiple comparison，多重比较

Multiple correlation，复相关

Multiple covariance，多元协方差

Multiple linear regression，多元线性回归

Multiple response，多重选项

Multiple solutions，多解

Multiplication theorem，乘法定理

Multiresponse，多元响应

Multi-stage sampling，多阶段抽样

Multivariate T distribution，多元 T 分布

Mutual exclusive，互不相容

Mutual independence，互相独立

N

Natural boundary，自然边界

Natural dead，自然死亡

Natural zero，自然零

Negative correlation，负相关

Negative linear correlation，负线性相关

Negatively skewed，负偏

Newman-Keuls method，q 检验

NK method，q 检验

No statistical significance，无统计意义

Nominal variable，名义变量

Nonconstancy of variability，变异的非定常性

Nonlinear regression，非线性相关

Nonparametric statistics，非参数统计

Nonparametric test，非参数检验

Nonparametric tests，非参数检验

Normal deviate，正态离差

Normal distribution，正态分布

Normal equation，正规方程组

Normal ranges，正常范围

Normal value，正常值

Nuisance parameter，多余参数/讨厌参数

Null hypothesis，无效假设
Numerical variable，数值变量

O

Objective function，目标函数
Observation unit，观察单位
Observed value，观察值
One sided test，单侧检验
One-way analysis of variance，单因素方差分析
Oneway anova ，单因素方差分析
Order statistics，顺序统计量
Ordered categories，有序分类
Ordinal logistic regression ，序数逻辑斯蒂回归
Ordinal variable，有序变量
Orthogonal basis，正交基
Orthogonal design，正交试验设计
Orthogonality conditions，正交条件
Orthoplan，正交设计
Outliers，极端值
Overals ，多组变量的非线性正规相关
Overshoot，迭代过度

P

Paired design，配对设计
Paired sample，配对样本
Pairwise slopes，成对斜率
Parabola，抛物线
Parallel tests，平行试验
Parameter，参数
Parametric statistics，参数统计
Parametric test，参数检验
Partial correlation，偏相关
Partial regression，偏回归
Partial sorting，偏排序
Partials residuals，偏残差
Pattern，模式
Pearson curves，皮尔逊曲线

Percent bar graph，百分条形图

Percentage，百分比

Percentile，百分位数

Percentile curves，百分位曲线

Periodicity，周期性

Permutation，排列

P-estimator，P 估计量

Pie graph，饼图

Pitman estimator，皮特曼估计量

Pivot，枢轴量

Planar，平坦

Planar assumption，平面的假设

Point estimation，点估计

Poisson distribution，泊松分布

Polishing，平滑

Polled standard deviation，合并标准差

Polled variance，合并方差

Polygon，多边图

Polynomial，多项式

Polynomial curve，多项式曲线

Population，总体

Positive correlation，正相关

Positively skewed，正偏

Posterior distribution，后验分布

Power of a test，检验效能

Precision，精密度

Predicted value，预测值

Preliminary analysis，预备性分析

Principal component analysis，主成分分析

Prior distribution，先验分布

Prior probability，先验概率

Probabilistic model，概率模型

probability，概率

Probability density，概率密度

Product moment，乘积矩/协方差

Proportion，比/构成比

Proportion allocation in stratified random sampling，按比例分层随机抽样

Proportionate，成比例

Proportionate sub-class numbers，成比例次级组含量

Pseudo F test，近似 F 检验

Q

Quadratic approximation，二次近似

Qualitative classification，属性分类

Qualitative method，定性方法

Quantile-quantile plot，分位数 - 分位数图/Q - Q 图

Quantitative analysis，定量分析

Quartile，四分位数

Quick Cluster，快速聚类

R

Radix sort，基数排序

Random allocation，随机化分组

Random blocks design，随机区组设计

Random event，随机事件

Randomization，随机化

Range，极差/全距

Rank correlation，等级相关

Rank sum test，秩和检验

Rank test，秩检验

Ranked data，等级资料

Rate，比率

Ratio，比例

Raw data，原始资料

Raw residual，原始残差

Reciprocal，倒数

Reciprocal transformation，倒数变换

Recording，记录

Reducing dimensions，降维

Re-expression，重新表达

Reference set，标准组

Region of acceptance，接受域

Regression coefficient, 回归系数

Regression sum of square, 回归平方和

Rejection point, 拒绝点

Relative dispersion, 相对离散度

Relative number, 相对数

Reliability, 可靠性

Reparametrization, 重新设置参数

Replication, 重复

Report Summaries, 报告－摘要

Residual sum of square, 剩余平方和

Rotation, 旋转

Rounding, 舍入

Row, 行

Row effects, 行效应

Row factor, 行因素

S

Sample, 样本

Sample regression coefficient, 样本回归系数

Sample size, 样本量

Sample standard deviation, 样本标准差

Sampling error, 抽样误差

SAS (Statistical analysis system), 统计软件包

Scale, 尺度/量表

Scatter diagram, 散点图

Schematic plot, 示意图/简图

Season, 季节分析

Second derivative, 二阶导数

Second principal component, 第二主成分

SEM (Structural equation modeling), 结构化方程模型

Sensitivity curve, 敏感度曲线

Sequential analysis, 贯序分析

Sequential data set, 顺序数据集

Sequential design, 贯序设计

Sequential method, 贯序法

Sequential test, 贯序检验法

Sigmoid curve，S 形曲线

Sign function，正负号函数

Sign test，符号检验

Signed rank，符号秩

Significance test，显著性检验

Significant figure，有效数字

Simple cluster sampling，简单整群抽样

Simple correlation，简单相关

Simple random sampling，简单随机抽样

Simple regression，简单回归

simple table，简单表

Sine estimator，正弦估计量

Single-valued estimate，单值估计

Singular matrix，奇异矩阵

Skewed distribution，偏斜分布

Skewness，偏度

Slash distribution，斜线分布

Slope，斜率

Smirnov test，斯米尔诺夫检验

Spearman rank correlation，斯皮尔曼等级相关

Specific factor，特殊因子

Specific factor variance，特殊因子方差

Spectra ，频谱

Spherical distribution，球型正态分布

Spread，展布

SPSS（Statistical package for the social science），统计软件包

Spurious correlation，假性相关

Square root transformation，平方根变换

Stabilizing variance，稳定方差

Standard deviation，标准差

Standard error，标准误

Standard error of difference，差别的标准误

Standard error of estimate，标准估计误差

Standard error of rate，率的标准误

Standard normal distribution，标准正态分布

Standardization，标准化

Starting value，起始值

Statistic，统计量

Statistical control，统计控制

Statistical graph，统计图

Statistical inference，统计推断

Statistical table，统计表

Steepest descent，最速下降法

Stem and leaf display，茎叶图

Step factor，步长因子

Stepwise regression，逐步回归

Strength，强度

Stringency，严密性

Structural relationship，结构关系

Studentized residual，学生化残差/t 化残差

Subdividing，分割

Sufficient statistic，充分统计量

Sum of products，积和

Sum of squares，离差平方和

Sum of squares about regression，回归平方和

Sum of squares between groups，组间平方和

Sum of squares of partial regression，偏回归平方和

Sure event，必然事件

Survey，调查

Survival，生存分析

Survival rate，生存率

Suspended root gram，悬吊根图

Symmetry，对称

Systematic error，系统误差

Systematic sampling，系统抽样

T

Tags，标签

Tail area，尾部面积

-168-

Tail length，尾长

Tail weight，尾重

Tangent line，切线

Target distribution，目标分布

Tendency of dispersion，离散趋势

Testing of hypotheses，假设检验

Theoretical frequency，理论频数

Time series，时间序列

Tolerance interval，容忍区间

Tolerance lower limit，容忍下限

Tolerance upper limit，容忍上限

Total sum of square，总平方和

Total variation，总变异

Transformation，转换

Treatment，处理

Trend，趋势

Two sided test，双向检验

Two-stage least squares，二阶最小平方

Two-stage sampling，二阶段抽样

Two-tailed test，双侧检验

Two-way analysis of variance，双因素方差分析

Two-way table，双向表

Type I error，一类错误/α 错误

Type II error，二类错误/β 错误

U

UMVU，方差一致最小无偏估计简称

Unbiased estimate，无偏估计

Unconstrained nonlinear regression ，无约束非线性回归

Uniform distribution，均匀分布

Uniformly minimum variance unbiased estimate，方差一致最小无偏估计

Unit，单元

Unordered categories，无序分类

Upper limit，上限

Upward rank，升秩

V

Vague concept，模糊概念

Validity，有效性

Variability，变异性

Variable，变量

Variance，方差

Variance inflation factor，方差膨胀因子

Variation，变异

Varimax orthogonal rotation，方差最大正交旋转

Volume of distribution，容积

W

W test，W 检验

Weibull distribution，威布尔分布

Weight，权数

Weighted Chi-square test，加权卡方检验/Cochran 检验

Weighted linear regression method，加权直线回归

Weighted mean，加权平均数

Weighted mean square，加权平均方差

Weighted sum of square，加权平方和

Weighting coefficient，权重系数

Weighting method，加权法

W-estimation，W 估计量

W-estimation of location，位置 W 估计量

Width，宽度

Z

Z test，Z 检验

Zero correlation，零相关

Z-transformation，Z 变换

参 考 文 献

[1] 张尧庭，方开泰. 多元统计分析引论 [M]. 北京：科学出版社，1982.
[2] 高惠璇. 实用统计方法与 SAS 系统 [M]. 北京：北京大学出版社，2001.
[3] 高惠璇. 应用多元统计分析 [M]. 北京：北京大学出版社，2005.
[4] 高惠璇. 统计计算 [M]. 北京：北京大学出版社，1995.
[5] 梅长林，周家良. 实用统计方法 [M]. 北京：科学出版社，2002.
[6] 陈德钊. 多元数据处理 [M]. 北京：化学工业出版社，1998.
[7] 张文彤，董伟. SPSS 统计分析高级教程 [M]. 北京：高等教育出版社，2004.
[8] 卢纹岱. SPSS FOR WINDOWS 统计分析 [M]. 北京：电子工业出版社，2002.
[9] 苏金明，傅荣华，周建斌，张莲花. 统计软件 SPSS FOR WINDOWS 实用指南 [M].
    北京：电子工业出版社，2000.
[10] James M. Lattin, J. Douglas Carroll, Paul E. Green. Analyzing Multivariate Data [M].
    北京：机械工业出版社，2003.
[11] Ronald M. Weiers. Introduction to Business Statistics [M]. 北京：北京大学出版
    社，2003.
[12] Peter J. Brockwell, Richard A. Davis. 时间序列的理论与方法 [M]. 田铮，译. 北京：
    高等教育出版社，2001.
[13] 王学民. 应用多元分析 [M]. 上海：上海财经大学出版社，2004.
[14] 陈希孺. 高等数理统计学 [M]. 安徽：中国科学技术大学出版社，1999.
[15] 张金水. 数理经济学——理论与应用 [M]. 北京：清华大学出版社，1998.
[16] 复旦大学. 概率论 [M]. 北京：高等教育出版社，1979.
[17] 吴诚鸥，秦伟良. 近代实用多元统计分析 [M]. 北京：气象出版社，2007.
[18] 高祥宝，董寒青. 数据分析与 SPSS 应用 [M]. 北京：清华大学出版社，2007.
[19] 盛骤，谢式千，潘承毅. 概率论与数理统计 [M]. 北京：高等教育出版社，2007.